江苏省优势学科及江苏省水利科技资助项目

高标准农田建设理论与技术

邵光成　俞双恩　姚俊琪
郭相平　丁继辉　佘冬立　编著

黄河水利出版社
·郑 州·

图书在版编目(CIP)数据

高标准农田建设理论与技术/邵光成等编著.—郑州:黄河水利出版社,2018.2

ISBN 978-7-5509-1996-9

Ⅰ.①高… Ⅱ.①邵… Ⅲ.①农田基本建设-研究 Ⅳ.①S28

中国版本图书馆 CIP 数据核字(2018)第 044870 号

组稿编辑:李洪良 电话:0371-66026352 E-mail:hongliang0013@163.com

出 版 社:黄河水利出版社

地址:河南省郑州市顺河路黄委会综合楼 14 层 邮政编码:450003

发行单位:黄河水利出版社

发行部电话:0371-66026940、66020550、66028024、66022620(传真)

E-mail:hhslcbs@126.com

承印单位:河南承创印务有限公司

开本:850 mm×1 168 mm 1/32

印张:4.375

字数:110 千字 印数:1—1 000

版次:2018 年 2 月第 1 版 印次:2018 年 2 月第 1 次印刷

定价:20.00 元

前　言

民以食为天，粮以田为本，保护耕地，就是保护农业综合生产能力，就是保障国家粮食安全。中共中央、国务院历来高度重视农田基本建设。近年来，通过出台支持政策、加大资金投入，我国农田基础设施条件不断改善，农业综合生产能力明显提高，为实现粮食产量连续增加奠定了坚实基础。

随着我国工业化进程的进一步推进、城镇化步伐的加速，建设占用耕地与保护耕地的矛盾不断凸显，局部地区存在耕地减少过多或开垦过多的现象。如何保护好耕地，确保国家粮食安全和重要农产品有效供给，进一步促进农业持续增产稳产，提升农业科技应用和农业机械化水平，提高农业水土资源利用效率，在永久基本农田区，特别是在粮食功能区以及主要农产品保护区，加大高标准农田建设的力度已变得更加迫切。另外，农业基础设施建设滞后，我国粮食生产“靠天吃饭”的局面迄今尚未得到根本扭转，由于对土地资源属性认识程度不深，加之之前深受“增长即发展”观念的影响，我国土地管理长期以来偏重土地资源数量管理，而忽视质量、生态管理。因此，全面落实最严格的耕地保护和节约用地制度，多措并举、管护并重，全力推进“田成方、林成网、渠相通、路相连、涝能排、旱能灌”的高标准基本农田建设，切实保证18亿亩耕地“总量不少、用途不变、质量不降”，意义重大。

依据《中华人民共和国土地管理法》《中华人民共和国农业法》《中华人民共和国水法》和《基本农田保护条例》等法律法规的有关规定，按照2017年1月公布的《中共中央 国务院关于加强耕地保护和改进占补平衡的意见》的相关要求，在深入调研的基础上，我们组织编写了《高标准农田建设理论与技术》一书。在该书编写过程中，我们充分借鉴了相关规划和标准的已有成果，参考了相关学者及有关部门的工作成果和相关研究结论。该书在总结近年来我国农田基本建设情况的基础上，阐述了当前和今后一个时期加快推进高标准农田建设的重大意义，阐明了高标准农田的具体含义，提出了高标准农田建设的目标及建设区域，分析了高标准农田建设的现状和存在的问题，并从田间工程建设、灌排系统的优化布局、适宜水面率三个方面指出了其建设的主要内容。田间工程建设方面，以节水、省地、省工和提高灌排效果为主要目标，根据气候、作物、土壤和地形等条件，分区确定畦（格）田规格及农渠（沟）以下灌排沟渠的形式、规格和建筑物配套等建设标准。灌排系统的优化布局方面，针对丘陵区水源工程考虑不足、平原区沟塘填埋过多、灌排工程规划不够合理、生态和环境效应考虑不足等问题，对灌排系统进行了相应优化，按照生态农业发展的需要，确定合理的渠道衬砌率和沟道断面形式及灌排系统布置模式。结合江苏省的实际情况，分别研究了丘陵区和平原区的产汇流和需水容量，根据不同区域的位置、水系条件确定了适宜水面率。

本书编写人员及编写分工如下：第 1 章由姚俊琪和佘冬立撰写，第 2 章由俞双恩和邵光成撰写，第 3 章由郭相平撰写，第 4 章由邵光成和丁继辉撰写。俞双恩和邵光成负责全书的统稿工作。此外，河海大学研究生崔金涛、曾忠义、王志宇、苗智英、章坤、尚林鑫等参加了课题研究的部分工作。

由于作者的水平有限、时间仓促，书中疏漏之处在所难免，希望广大读者批评指正。

作　者

2018 年 1 月

目　录

第 1 章　绪　论

高标准农田建设既是缓解我国人地矛盾的重要措施，也是充分挖掘现有农田的生产潜力、实现土地资源持续利用的有效途径。作为一项促进农业发展的基础工程，它可以总体解决田块形态细碎、配套设施短缺、生产能力低下和农田环境恶化等问题，对提高耕地综合生产能力、发展现代农业、保障粮食安全具有重要意义，是未来一段时期耕地保护和土地整治工作的重要内容。

1.1　高标准农田建设的背景及意义

1.1.1　高标准农田建设的背景

1.1.1.1　我国耕地资源现状

近年来，受气候变暖影响，全球水旱灾害趋于频繁，主要粮食生产国粮食减产，国际粮食市场供求趋紧。作为全球人口数量第一的发展中国家，我国的粮食安全问题一直是国内外关注的焦点。人多地少是我国的基本国情，人均占有耕地面积 0.09 hm^2，2009 年我国耕地面积已下降至 1.22 亿 hm^2，逼近国际标准 1.2 亿 hm^2 的红线。

根据《中国 1∶100 万土地资源图》量算，我国无限制、质量好的一等耕地面积约占总耕地面积的 41.33%；有一定限制、质量中等的二等宜农耕地面积约占总耕地面积的 34.55%；有较大限制、质量差的三等耕地面积约占总耕地面积的 20.47%。此外，还有不宜农耕地 7 600 万亩❶,约占总耕地面积的 3.65%,见表 1-1。

表 1-1 耕地质量统计 (%)

区域	一等耕地	二等耕地	三等耕地	不宜农耕地
全国	41.33	34.55	20.47	3.65
华南区	30.07	47.22	21.85	0.86
四川盆地－长江中下游区	48.24	31.54	19.01	1.21
云贵高原区	23.45	47.77	23.74	5.04
华北－辽南区	37.70	40.59	18.91	2.80
黄土高原区	26.50	16.66	43.89	12.95
东北区	65.20	31.07	3.19	0.54
内蒙古半干旱区	19.89	44.26	21.46	14.39
西北半干旱区	47.40	31.60	18.36	2.64
青藏高原区	16.88	24.85	52.46	5.81

受限制的中下等耕地中,以侵蚀为主要危险的耕地占 8.6%,坡度限制而有潜在侵蚀危险的耕地占 11.4%,两者合计约占耕地面积的 20%,居多种限制因素之首位。侵蚀限制主要分布在黄土高原,该区受侵蚀的耕地面积占全国受侵蚀耕地面积的 65%,其中山西、陕西、甘肃三省就占了全国的 63%。坡度限制耕地主要分布在南方各省(自治区、直辖市)的山区。

目前,我国农业基础设施薄弱,各类型灌区田间配套不完善,沟渠灌溉渗漏严重,灌排不分,排水不畅;灌区内部分农田依然易渍、易涝、易旱。受洪涝限制的耕地面积约占总耕地面积的9.2%。主要分布在黄淮海平原、长江中下游平原与松辽平原。华北－辽

❶ 1 亩 = 1/15 hm^2,全书同。

南区占 35%，居首位；东北区占 27%；长江中下游区占 24%。

受盐碱限制的耕地面积约占总耕地面积的 6.6%，主要分布在黄淮海平原及干旱、半干旱地区。华北区盐碱化耕地面积约占全国盐碱化耕地总面积的 38%，西北干旱区占 23%。

此外，还有干旱限制与温度限制，即干旱与低温占主导作用而影响农业利用的耕地。实际上我国受干旱威胁的耕地面积相当大，除北方的雨养旱地外，还有部分水田、水浇地也由于水源或供水不足而受干旱威胁。

1.1.1.2 我国农田灌溉排水现状

水是粮食生产的关键要素之一，我国又是农业大国，农田灌溉面积居世界首位，农业用水量占总用水量的 60% 左右。我国水资源地域分布不均，81% 的水资源集中分布在长江流域及以南地区，长江以北地区人口和耕地分别占全国的 45.3% 和 64.1%，而水资源却仅占全国的 19%，人均占有量为全国的 1/5。水资源的分布状况直接影响着土壤水分的分布状况，决定着农作物的生长及产量状况。

随着国家不断投入大量资金兴修水利，全国灌溉面积已发展到 5 592 万 hm^2，易涝耕地及盐碱耕地进一步得到治理。我国的耕地灌溉率是世界平均水平的 3 倍，人均灌溉面积与世界人均水平基本持平，我国灌溉排水事业取得的巨大成就，使我国能够以占世界 6% 的可更新水资源量、9% 的耕地，解决占世界 22% 人口的温饱问题，为保障我国农业生产、粮食安全及经济社会的稳定发展创造了条件。

目前，我国水资源紧缺的状况比较严重，且地区分布极不均衡，同一地区降水量的季节分配差异也很大，干旱缺水和洪涝灾害是制约我国农业生产发展的主要因素之一。2009 年全国农业生产受干旱和洪涝影响面积高达 0.37 亿 hm^2，受灾面积 0.17 亿 hm^2，绝收面积 0.04 亿 hm^2，影响粮食产量的 10% 左右。2010 年西南地区发生特大干旱、多数省(自治区、直辖市)遭受洪涝灾害、部分地方突发严重山洪泥石流,充分暴露出我国农业对自然灾害抗御能力脆弱的问题,自然灾害已经成为影响农业生产和国家粮食安全的突出因素。农业水资源一方面是分布不均,资源紧缺;另一方面是利用过程中存在很大浪费。不少灌区灌水定额偏大,灌溉水利用系数小于0.5,水分生产效率小于1.0 kg/m^3。此外,我国部分土地平整度差,不利于灌溉。田间排水体系缺乏,易造成耕地积水成涝,导致作物减产。灌区群众节水思想淡薄,缺乏忧患意识,群众尚不能自觉采取各种节水措施和技术,若宣传和引导到位,将有助于水资源的高效利用,推动江苏省农业经济结构调整,提升农业质量。

1.1.1.3 农田生态环境方面的现状

化肥、农药的大量使用,造成水、土污染。据统计,2010年我国化肥施用量平均水平为375 kg/hm^2,大大超出了发达国家设置的225 kg/hm^{2}的安全上限,一些蔬菜基地化肥施用量高达1 000 kg/hm^2。在肥料使用上,重化肥,轻有机肥,造成土壤酸化、地力下降等。大量研究表明,农田氮肥当季利用率仅为30%左右,磷肥当季利用率只有15%左右,大量的氮和磷随着农田排水或者雨水进入河流,造成对地表水及地下水的污染。由化肥过量使用引起的氮和磷流失进入水体的污染负荷已经远超过该地区工业点源所占的负荷,农业面源污染是河湖富营养化的主要来源。过多的营养性物质输入导致藻类滋生,使湖泊生态系统和水功能受到严重破坏。因此,建设高标准农田,提高雨水的调蓄能力,减少农田排水量是减少农田氮和磷流失、提高化肥利用率、控制农业面源污染的重要途径。

为保障和提高现有耕地的粮食生产能力,增强防灾减灾能力,促进我国农业的可持续发展,做到灌排系统工程与自然环境协调一致,实现水量有保证,水质能自我净化并保持良好,开展高标准农田建设的需求越来越迫切,对发展现代农业、确保粮食安全和重要农产品有效供给、促进农村可持续发展,具有重要意义。

1.1.2 建设高标准农田的重要意义

(1)建设高标准农田是发展现代农业、提升农业科技应用水平的需要。通过建设高标准农田,实现农田“地平整、土肥沃、旱能灌、涝能排、路相通、林成网”,既能显著增强农田防灾减灾、抗御风险的能力,也可方便农机作业,充分发挥农机抢农时、省劳力、增效益的作用,大幅度提高生产效率。同时,可为良种良法配套、农机农艺融合、肥料统测统供统施、农林病虫害统防统治等集成技术普及应用,以及土地流转和适度规模经营创造条件。

(2)建设高标准农田是保护耕地、稳定提高农业综合生产能力的必然要求。到 2020 年,我国人口总量预计将超过 14 亿,城镇化水平将进一步提高,随着居民收入水平稳步提升,消费结构升级日趋加快,粮食等主要农产品的需求会持续增长,保障供给的压力日益加大。在水土资源紧缺和农村劳动力老龄化、兼业化的情况下,要实现保障主要农产品有效供给的目标,必须切实改变农田基础设施薄弱的现状,加快推进高标准农田建设,进一步提高耕地产出能力。

(3)建设高标准农田是促进农业可持续发展,推进生态文明建设的现实选择。我国人均水资源量和亩均水资源量仅为世界平均水平的 28% 和 50%,农业季节性、区域性缺水问题突出;农田灌溉水有效利用系数和水分生产率仅相当于世界先进水平的 60% 左右;亩均化肥用量达到 21.2 kg,是世界平均水平的 4.1 倍,化肥平均利用率在 30% 左右,比发达国家低近 20%,长期不合理施用化肥已成为危害生态环境和影响土地质量的重要因素。通过建设高标准农田,可为推广科学施肥、节水技术创造条件,增强耕地蓄水保墒能力,促进土壤养分平衡,从而降低水资源消耗和化肥施用量,减轻农业面源污染,促进农业可持续发展,保护和改善农村地区生态环境。

(4)建设高标准农田是提高农业生产比较效益,促进农民增收的有效手段。在高标准农田建设过程中,农民可通过投工投劳方式获得工资性收入,会有一定比例的项目投资直接转化为农民收入。同时,建成的高标准农田,不仅省工、省水、省肥,而且能够增加农业产量,从而提高农业生产的比较效益,促进农民增收。此外,高标准农田建设可有效拉动机械设备制造、建筑建材和运输等行业发展,从而增加农民就业机会和提高收入水平。

1.2 高标准农田的含义

1998年新修订的《基本农田保护条例》明确规定:“基本农田”是按照一定时期人口和社会经济发展对农产品的需求,依据土地利用总体规划确定的、不得占用的耕地。高标准基本农田的概念源于基本农田,国土资源部在2011年印发的《高标准基本农田建设规范(试行)》(国土资发〔2001〕144号)中明确规定了“高标准农田”的含义,即一定时期内,通过土地整治建设形成的集中连片、设施配套、高产稳产、生态良好、抗灾能力强,与现代农业生产和经营方式相适应的基本农田,包括经过整治的原有基本农田和经整治后划入的基本农田。高标准农田的高标准包括高标准建设、高标准管理、高标准利用等三方面。

高标准基本农田是集合耕地自然质量、良好配套基础设施、高级农业技术和先进管理理念的高生产能力系统,具有“田成方、渠相通、旱能灌、涝能排”,以及旱涝保收、高产稳产等特征。

1.3 高标准基本农田建设目标及建设区域

1.3.1 高标准基本农田建设目标

高标准基本农田建设的主要目标包括以下5个方面：

(1)优化土地利用结构与布局，实现集中连片，发挥规模效益。

(2)增加有效耕地面积，提高高标准基本农田比例。

(3)提高基本农田质量，完善田间基础设施，稳步提高粮食综合生产能力。

(4)加强生态环境建设，发挥生产、生态、景观的综合功能。

(5)建立保护和补偿机制，促进高标准基本农田的持续利用。

1.3.2 高标准基本农田建设区域

高标准基本农田建设区域包括重点区域、限制区域、禁止区域及其他。

重点区域包括：

(1)土地利用总体规划确定的基本农田保护区和基本农田整备区。

(2)土地利用总体规划确定的土地整理复垦开发重点区域及重大工程。

(3)土地整治规划确定的土地整治重点区域及重大工程、基本农田整理重点县。

限制区域包括：

(1)水源保护区及水资源严重贫乏区域。

(2)水土流失易发区、沙化严重区等生态脆弱区域。

(3)因挖损、塌陷、压占等造成土地损毁并难以复垦为耕地的区域。

(4)污染严重难以恢复的区域。

(5)易受自然灾害损毁的区域。

禁止区域包括:

(1)地形坡度大于25°的区域。

(2)自然保护区、退耕还林区、退耕还草区。

(3)行洪河道、河流、湖泊、水库水面。

涉及滩涂开发、湿地开垦、围海造田等区域,应经过相关部门论证,并获得批准。

1.4 我国高标准农田建设概况

1.4.1 高标准农田建设现状

长期以来,党和政府高度重视农田基本建设,农业、国土等部门相继开展了中低产田改造及标准农田建设。通过兴修水利、土地整理、土壤改良、农业农机装备配套等农田基本建设,2001 ~ 2010 年,已建成高产稳产基本农田近 2.5 亿亩,为我国粮食产量连续 6 年稳定在 0.5 万亿 kg 以上提供了有力支撑。

(1)农田灌溉排水条件明显改善。近年来,我国农田水利事业得到快速发展,农业用水效率不断提高,农业抗旱减灾成效显著。截至 2010 年底,全国共建成大中型灌区、泵站、机井、塘坝等各类农田水利工程 2 000 多万处,农田有效灌溉面积达 9.05 亿亩,节水灌溉工程面积达到 4.1 亿亩。

(2)土地整治及配套基础设施建设稳步推进。近年来,国家持续加大农田基本建设力度,不断改善农田基础设施条件,优化农田结构与布局,耕地质量及地力水平得到明显提升,农机作业条件显著改善,农田防护林体系逐步建立。截至 2010 年底,全国土壤改良培肥技术应用面积达到 5.8 亿亩，平原地区农田林网控制率达到 75%。

(3)农业科技应用水平快速提升。截至 2010 年底，主要粮食品种良种覆盖率达到 96%，粮食亩产达到 331.5 kg，单产提高对粮食增产的贡献率达到 60.8%，测土配方施肥技术推广覆盖率已达到 66.7%，推广测土配方施肥技术累计 11 亿亩，全国农业科技贡献率达到 52%，科技进步已成为提高粮食产量和农业综合生产能力的关键措施。

(4)农业机械化推广应用步伐加快。截至 2010 年底，耕种收综合机械化水平达到 52.3%，农机深松整地作业面积达到 1.4 亿亩，耕地地力水平进一步提升。

1.4.2　高标准农田建设存在的问题

我国农田建设虽取得一定成效，但高标准农田建设的研究尚处于起步阶段，在高标准农田建设中还存在一些突出问题。在全国 18.26 亿亩耕地中，比当地平均单产高 20% 以上的高产田仅为 5.56 亿亩，其余 12.7 亿亩为中低产田，占 70% 多。改造中低产田，建设高标准农田的任务十分艰巨。

1.4.2.1　高标准农田水利工程建设缺乏统一标准

高标准农田水利工程建设是高标准农田建设的核心内容，财政、水利、农业、国土等涉农部门的项目建设内容中均将其作为重要内容之一。但在具体实施过程中，存在各部门、各行业项目实施标准不统一的问题。2009 年，国家农业综合开发办公室颁发了《国家农业综合开发高标准农田建设示范工程建设标准(试行)》(国农办〔2009〕163 号)；2011 年，国土资源部颁布了《高标准基本农田建设规范(试行)》(国土资发〔2011〕144 号)；2012 年，农业部颁布了农业行业标准《高标准农田建设标准》(NY/T 2148—2012)。以上标准均对高标准农田建设中的农、林、路、渠等建设内容规定了较为详细的技术要求，但受部门业务范围的限制，对于农田水利工程建设标准和投资标准方面的相关技术要求相对较粗。

各省（自治区、直辖市）在开展高标准农田建设工作中，结合当地实际出台了相关标准或技术手册。2009 年，江苏省人民政府印发了《江苏省高标准农田建设标准（试行）》（苏政办发〔2009〕127 号），是全国第一个省级高标准农田建设标准。2011 年，有 5 个省（自治区）政府陆续出台了高标准农田建设的标准或指导意见，包括《浙江省粮食生产功能区、现代农业园区农田水利建设标准（试行）》（浙水农〔2011〕13 号）、《江西省高标准农田建设标准（暂行）》（赣高标准农田组字〔2011〕2 号）、《宁夏回族自治区高标准农田建设标准（试行）》（宁农建指发〔2011〕3 号）、《山东省人民政府关于建设“旱能浇、涝能排”高标准农田的意见》（鲁政发〔2011〕46 号）、《四川省人民政府关于印发建设 1 000 万亩高标准农田工程规划纲要（2011—2015 年）》（川府发〔2011〕9 号）。总体来看，山东省和浙江省是从促进农田水利建设的角度出发，出台相应的指导意见；四川省是以促进粮食生产结合“再建一个都江堰”，实施田渠路三网配套的工程建设指导意见；江苏省、江西省和宁夏回族自治区是从农业综合开发高标准农田示范工程的定义出发，出台相应的建设标准。从政策细节上看，江苏、江西、浙江等 3 个省提出的建设规范都是宏观指导性规范，宁夏回族自治区提出的建设标准相对有一定的可操作性，对旱涝保收高标准农田建设，旱田基本农田建设，农业、林业、科技、管理等配套措施建设方面提出了规范性指导意见。由于各部门、各地方工作思路、出发点、自然条件、水土资源开发利用状况等因素不同，所制定的技术标准也不尽相同。

调研发现，各地对高标准农田建设积极性很高，但由于缺乏统一的建设标准，各地在规划设计、投资强度上，标准不一、参差不齐;上级组织和监管部门在验收和评定工程建设是否达到高标准时,评价指标的选取和各地区指标值的选取,没有统一的依据可参考;地方建设管理部门在对农田水利工程进行高标准设计时,不知道哪些指标该高,该高多少。因此,高标准农田水利工程的规划、设计,影响着后续工程建设进度和质量。

1.4.2.2 高标准农田水利工程建设缺乏统一规划

多数地区的高标准农田水利工程建设缺乏统一规划,主要表现在两个方面:一是建设资金缺乏统筹协调,二是建设区域缺乏整体布局。当前,农田水利工程建设资金渠道较多,各部门对农田水利工程建设的专项资金大多是分别规划、分别招标,部门间缺乏有效协调,不少项目盲目规划、盲目实施,造成资金实际使用效果较差,难以形成合力。项目区规划方面,多数项目区水利工程建设用地由于涉及个人利益问题,协调难度较大,故许多项目区不管现状布局是否合理,都不再统一规划布局,项目建设主要在现有沟渠布置的基础上,对渠道进行衬砌、对排水沟进行清理整治、对调控和配水闸门进行修缮和重新配备等。从考察的部分重点县项目区来看,与非项目区的主要区别是渠道全部衬砌,渠道调控建筑物配套相对完整,但田间布局方面基本没有统一规划和设计,田间灌溉进水口的控制设施不配套,许多应该配套的机耕路、桥等布局不合理,使得农民因耕作进出田块不方便而将修好的渠道压坏。农田水利工程是一个多功能的系统工程,要实现高标准农田水利工程内涵中所涵盖的各项功能,合理的规划布局是基础。

1.4.2.3 高标准农田水利工程施工质量缺乏保障

农田水利工程具有小而全、专业多、项目多、单项工程量小且分散在田间地头,工程建设、管理及维护困难等特点,致使农田水利工程建设质量一直不尽如人意。实际调研结果表明,目前造成高标准农田水利工程施工质量监管难的原因有多方面:一是管理部门质量观念不强,认为农田水利项目技术含量低,对规划、设计、建设等各个环节的质量控制不严;二是工程管理人员人手不够,技术力量薄弱;三是施工队伍素质较低,施工方案和施工工艺落后;四是因为工程建设投资标准相对较低,且工程设计、施工、监理等相关费用并没有参照国家有关的政策规定支付。因此,工程的施工设计深度、施工技术力量的配备、施工过程的监理等难以得到充分保障,使得工程建设质量大受影响,经常出现今年修明年补的情况,不利于农田水利工程建设的发展。

1.4.2.4 高标准农田水利工程运行管护缺乏长效机制

水利设施重建轻管的现象普遍存在,致使一些已建好的水利设施很快被损坏,难以发挥应有的效益。多数小型农田水利工程属于农村集体组织所有,由乡(镇)政府或村组集体管理,实行家庭联产承包责任制以后,乡(镇)、村组集体的功能逐步退化,再加上农村人员大量外出打工,工程管护所需劳力和资金筹集困难,致使多数地方农田水利设施的管理流于形式,农田水利工程存在产权不清、责任不明、有人建设无人管理的现象。此外,由于基层服务体系不健全,许多乡(镇)水利站并入了农业综合服务中心,水利人员编制被大幅度精简,多数过去由乡(镇)水利站管理的小型水库灌区,现在只有一两个人负责水利工作,且业务不固定,很难管理面广量大的小型农田水利工程,造成农田水利设施失管失修,甚至长期不能修复。

1.5 国内外研究进展

1.5.1 国内研究进展

在我国,高标准农田建设往往与土地整治、农田水利建设等工程项目紧密相关。但是,对高标准农田灌排系统构建技术方面的研究略显不足。当前研究大多围绕着高标准农田建设工程实施与效果评价、存在的问题，以及如何加快高标准农田建设的战略思想。此外，也有不少学者在基本农田建设选址、规划设计、基本农田划定、潜力评价等方面开展了研究（王晨等，2014；唐小龙等，2014）。涂建军等（2012）从耕地的自然条件、质量条件、灌溉条件、区位条件、规划用途等 5 个层面建立了一般农田入选基本农田整备区的指标体系，根据耕地质量模糊优选模型和属性层次模型评价结果划定了重庆市秀山县梅江镇基本农田整备区的空间分布范围。杨绪红等（2014）从地块单元受相邻地块的水平影响入手，采用最小费用距离模型，从社会经济基础、农业生态环境和水土资源条件三个方面构建了分区阻力面指标体系，以高等级耕地作为扩散的“源”，依据累积阻力值的突变性将陕西关中地区高标准农田建设区域划定为重点区域、限制区域和禁止区域。沈明（2012）综合选取耕地连片程度、地方财力支持、粮食生产能力与耕地整治潜力 4 个方面因素构建指标体系，通过综合评价最终确定了省级高标准农田建设的重点区域。郭贝贝等（2014）将农业生产自然风险综合评价引入高标准基本农田建设区划定，在识别区域主要风险类型的基础上，应用可变模糊集理论，借助 GIS 方法划分综合风险等级，根据风险强度和整治可行性划定高标准农田建设区。刘建生等（2014）根据高标准农田建设标准、实践经验和专家意见选取指标建立评价体系，构建差距度模型与投资度模型，计量反映基本农田现状与标准之间的差距及基本农田现状与投资额度的关系。王洪波（2011）认为，我国耕地平均等别偏低与基本农田高保护率的实际情况共同决定了划定的基本农田不可能全都是优、高等地，只有通过高标准农田建设等土地整治活动才能使大部分耕地满足高产稳产的要求。靳取货等（2010）以海伦市国家基本农田保护示范区为例，提出了防治冻害、保育黑土等寒地黑土区基本农田高标准农田工程建设的关键调控技术，探讨了将农用地分等中的自然质量等指数应用于基本农田建设规划设计。高标准农田建设是当前农村土地整治工作的重要内容,合理制定相关规划,明确重点区域与建设时序是有效开展工作的保障。近年来,高标准农田的建设时序与模式分区的相关研究逐渐增多。冯锐等(2012)针对高标准农田建设中集中连片、设施配套、生态良好等要求,从耕地的自然禀赋、基础设施与工程施工条件、社会与经济可接受性3个方面选取指标,运用理想解逼近法和限制因素组合法对西南丘陵区高标准农田建设进行了时序安排与模式分区。贾丽娟(2011)以农用地分等成果为基础,对重庆市基本农田进行不同类型的划区分析,分别对各个类型区进行对比评价,提出了不同类型区的高标准农田建设标准和目标。唐秀美等(2014)综合考虑耕地的基本条件和所在区域的社会经济建设适宜性,提出了基于四象限法的县域高标准农田建设布局与模式。张忠等(2014)选取耕地田块为评价单元,对黑龙江省八五三农场的耕地综合质量和农田建设难度进行了评价。

潘典进认为高标准农田的内涵应该包括两个方面:一是内在因素,即“设施完善,土质肥沃”;二是外在目标,即“节水高效,生态环保”。浙江省自1998年就启动了标准农田建设项目,并形成了标准农田建设项目的规划设计标准。

王永来对基本农田标准化示范片建设技术指标进行了探讨,提出了基本农田标准化建设的各项技术指标。在环境要求方面,要求基本农田达到土地平整、田块规格、土壤肥沃,田间灌排网络设施完善,旱能灌、涝能排,旱涝保收,干支路相连,有完善的田间机耕路网,农业机械行驶畅通等要求。在土壤理化性状技术指标方面,要求耕作层厚度大于15 cm以上,通过采取客土改沙或客沙改土等措施,土壤质地达到沙黏适中的要求,以沙壤土至壤土为佳,土体层次明显,保水、保肥能力强。土壤基本排除旱、涝、冷、烂、瘦、酸、锈、污等障碍因子,地下水位距耕作层距离要求大于60 cm。耕作层有机质含量一般不低于2%,全氮大于或等于0.1%,

有效磷大于或等于8 mg/kg,有效钾大于或等于80 mg/kg,pH一般要求为6~7.5;田块的方向应根据地形、地貌条件进行规划,其原则是保证耕作田块长边方向光照时间最长、受光热量最大,一般宜选用南北向。长度应根据作物类型、耕作机械工作效率、田块平整度、灌溉效果及排水畅通程度等因素确定。宽度的确定应考虑田块面积、机械作业要求、灌溉和排水等因素,同时应考虑地形、地貌的限制。田间排灌沟渠的规划设计和布置排水标准的设计,防洪高于10年一遇,防涝高于5年一遇。灌溉设计保证率平原区应达到90%,丘陵区应达到80%。排灌沟渠的布置可因地制宜采用排灌相邻布置、排灌相间布置或排灌兼用布置3种形式。

从以上关于高标准农田的各方面研究成果中,我们不难看出,我国越来越重视高标准农田建设,对高标准农田建设也提出了越来越多的政策措施,这为我们进行高标准基本农田灌排系统构建技术研究提供了一定的参考依据。

1.5.2 国外研究进展

西德、日本与我国的资源条件相仿,土地整治长期目标一致。因此,学习各国土地整治的经验将为高标准基本农田建设提供有益的借鉴。

1.5.2.1 西德的土地整治措施

西德的农业生产状况自第二次世界大战后开始下滑。由于其农业结构的独特性,农业耕种单元相对较小,均摊到每个农场的耕地面积仅8 hm^2,加之普遍的土地零碎松散现象,种种特点使西德农业机械化进程陷入囹圄,农田基本建设的发展受到阻碍,农业生产专业化进程也因此止步不前,西德政府及时地实施了“绿色计划”以改变农业落后的状况。该举措以“土地整理”和“农业生产结构调整”为核心,坚持土地集中的原则,全面细致规划农村基础设施如住宅区等,使水利、电力和交通的建设并驾齐驱,同时对土地和农村居民点进行综合整理,包括农户升级或搬迁、设立集约型大农场等。这一系列的措施使得土地集中化,促进了农业现代化的发展,有力提高了西德的农业生产率,显著地改善了人民的劳动收益,并从根本上改善了生态环境质量及生产生活景观。

1.5.2.2 日本的土地整治措施

20世纪中期,日本开始进行工业化和城市化进程,作为一个人多地少的典型国家,其现代化农村建设和农业现代化进程都经历了十分曲折的转变过程。第二次世界大战后,日本以土地整治、交通与排灌系统改良及市町村组合等为中心内容,开始了大规模的土地改良策略。经过遍布国内的土地改良举措后,日本的农业生产取得了重大改善,资料显示当时农用地水利设施和交通系统的改善,使得农业趋向多样化经营,例如水库鱼类养殖、田间造林、明渠封顶改建为停车场等。一系列的农业改良政策大幅度地增加了农民收入。

第 2 章　田间工程建设标准和建设内容

本章是以节水、省地、省工和提高灌排效果为主要目标，根据气候、作物、土壤和地形等条件，分区确定畦（格）田规格及农渠（沟）以下灌排沟渠的形式、规格和建筑物配套等建设标准。

2.1　田间工程规划布局

田间工程是指最末一级固定渠道（农渠）和固定沟道（农沟）之间的条田范围内的临时渠道、排水小沟、田间道路、稻田的格田和田埂、旱地的灌水畦和灌水沟、小型建筑物及土地平整等农田建设工程。做好田间工程的建设，是进行合理灌溉，提高灌水工作效率，及时排除地面径流和控制地下水位，充分发挥灌排工程效益，实现旱涝保收，建设高产、优质、高效农业的基础。

2.1.1　田间工程规划的基本要求

田间工程要有利于调节农田水分状况、培育土壤肥力、实现机械化作业和便于种植结构调整。因此，田间工程规划应满足以下基本要求：

（1）有完善的田间灌排系统，旱地有沟、畦，水田有格田，配置灌排建筑物，灌水能控制，排水有出口，消灭旱地漫灌和稻田串灌串排现象，并能控制地下水位，防止土壤过湿和产生土壤次生盐渍化。

（2）田面平整，灌水时土壤湿润均匀，排水时田面不留积水。

(3)田块的形状和大小要适应现代农业发展需要,应有利于机械化作业和农业种植结构调整。

(4)田间工程规划既要因地制宜,讲究实效,注重调查研究,走群众路线,又要着眼长远,讲究科学,满足高效农业发展的需要。

(5)田间工程规划要以提高耕地质量、增加耕地产能为中心,实行山、水、田、林、路综合治理,改善农田生态环境,为高效农业的发展创造条件。

2.1.2　条田规划

末级固定灌溉渠道(农渠)和末级固定沟道(农沟)之间的田块叫作条田,它是进行田间工程建设的基本单元,也是组织田间灌排水的基本单元。条田规划应符合以下要求。

2.1.2.1　排水要求

当降雨强度大于土壤入渗速度时,田块就会产生积水,当积水深度和积水时间超过作物允许的淹水深度和历时时,就会形成涝灾;当灌溉定额过大或雨季过长,引起田间地下水位升高,上升毛管水到达作物根系集中区时,就会使土壤过湿形成渍害;当地下水矿化度较高时,在形成渍害的同时会引起表层土壤积盐,造成盐害。为了排除地面积水和控制地下水位,最常见的排水措施就是开挖排水沟,排水沟应有一定的深度和密度。地表水可以通过密度较大、深度很小的浅明沟排除,地下水位的控制需要开挖一定深度和间距的排水沟来实现。农沟作为汇集田块地表径流、控制农田地下水位的末级沟道,其沟深和间距应满足排涝、降渍和控盐的要求。

在地面向一侧倾斜的地区,渠道只能向一侧灌水,排水沟也只能接纳一边的径流,农渠、农沟宜采用相邻布置,此种情况下条田较宽;在地势平坦的地区,农渠、农沟经常采用相间布置,此种情况下条田较窄。

2.1.2.2　机耕要求

对于集约化经营的农田，机耕不仅要求条田形状，还要求条田具有一定的长度。若条田太短，拖拉机长度太小，转弯次数就多，生产效率低，机械磨损大，能源消耗也大；若条田太长，往往会增加平整土地的工作量，还会增加灌水的难度。

根据以上要求，现行规范规定，平原区的条田宽度一般为100～200 m、长度一般为400～800 m，山丘区的条田规格应根据地形因地制宜地确定。

2.1.3　条田内的田块规划

条田的面积一般较大(50～250亩)，其微地形也有起伏，为了减小平整工作量和便于耕作，通常将条田分成若干个地块，尤其是农村实行联产承包责任制以来，一个条田可能涉及5～10家农户，因此条田内的田块布置是田间工程规划的重要内容。

2.1.3.1　稻作区的格田规划

水稻田一般都采用淹灌方法，需要在田间保持一定深度的水层。因此，在稻作区田间工程的一项主要内容就是修筑田埂，用田埂把平原区的条田或山丘区的梯田分隔成许多矩形田块，称为格田。格田是土地平整、田间耕作和用水管理的独立单元。

格田的长边通常垂直农渠(沟)，其长度一般为农渠到农沟的距离；格田宽度，平原区根据田间管理或种植户拥有的面积而定，一般为10～20 m；山丘区格田宽度视地形而定，坡度大的地方应选用较小的格田宽度。

2.1.3.2　旱作区的畦田规划

旱作区的条田微地形变化较大，为了灌水方便和适应农户的种植要求，也需要用小的土埂将条田分隔成若干个矩形畦田，这些畦田也是旱作区土地平整、田间耕作和用水管理的独立单元。

在每个畦田中，应根据地面坡度布置灌水沟、畦，通常是沿着地面坡向布置灌水沟、畦。

2.1.4 田间沟渠规划

田间沟渠是指条田内部的灌溉、排水网，包括毛沟，毛渠，灌水沟、畦和浅明沟等。

2.1.4.1 稻作区田间沟渠布置

一般情况下，稻作区不再布置田间沟渠，农渠的放水口直接将水放入格田进行淹水灌溉，降水时当田面水深超过允许蓄水深度时，由格田排水口将涝水直接排入农沟。当水稻旱种时，虽然灌水单元还是格田，但农渠放水口的水先进入格田内的毛渠（沟），再进入垄沟，以提高灌水速度和均匀度。

2.1.4.2 旱作区田间沟渠布置

旱作区的条田由于地形和种植的需要，经常需要沿着条田长边分成若干畦田，农渠放水口对畦田进行灌水，为避免漫灌，需要在畦田内布置临时灌水沟渠。当畦田地块沿着农渠垂直方向倾斜时，田间沟渠采用纵向布置，即毛渠（沟）垂直于农渠（沟）布置，灌溉水流从毛渠流入与其垂直的输水垄沟，然后进入灌水沟、畦，灌水方向与农渠垂直；当畦田地块沿着农渠方向倾斜时，田间沟渠采用横向布置，即毛渠（沟）垂直于农渠（沟）布置，灌溉水流从毛渠直接流入灌水沟、畦，灌水方向与农渠平行。

2.2 土地平整工程

土地平整工程是田块规划设计及沟渠、道路、防护林设计的前提和基础。搞好平整土地，对合理灌排、节约用水、提高劳动生产率、发挥机械作业效率，以及改良土壤、保水、保土、保肥等方面，都有着重要的作用。为了实现机械化耕作、完善灌排体系、保证灌排质量，必须对条田范围的土地进行平整。土地平整工程内容包括以平田整地为重点的耕作田块修筑工程和以保持或提高地力为目标的地力保持工程。

2.2.1　土地平整的原则和要求

土地平整必须遵循因地制宜的原则,根据高标准农田项目区的地形、地貌和地类情况进行科学、合理的平整。高标准农田项目(复垦与开发除外)都是分布在现有的农业耕作区内的,这些耕作区经过长期的农业耕作和基础设施配套,已经形成了较好的农业生产条件,灌排体系基本具备,土地熟化程度高。存在的问题主要是:田块零碎、高低不平,坑塘零散、淤积严重,沟渠缺失、配套不全,交通不便、耕作困难等。土地平整的目的就是将零碎和高低不平的田块变成连片的平整地块;将零散的坑塘进行清淤、整合,将淤积的沟渠进行疏通配套,扩大耕地面积,改善耕作和灌排条件。

(1)要和土地利用工程规划统一起来。土地平整必须适应高标准农田建设的要求,并作为其一个组成部分。平整土地应与田、沟、渠、林、路等工程密切结合。

(2)通过土地平整要达到便于机耕,发挥机械效率,提高机耕质量;灌水均匀,节约用水;利于压盐、排水、改良土壤;满足作物高产稳产对水分的需要。土地平整工程要符合以下基本要求:

①平整范围。沟、畦灌溉的平地范围一般以条田内部一条毛渠所控制的灌溉面积为一个平整单位。若地形起伏较大,可将毛渠控制面积分为几个平整区,以垄沟控制的面积为平整单位。水稻田或有洗盐要求的平地范围,可以以一个格田的面积为平整单位,旱作区应以畦田为单元,对于特别平整的平原区,也可以以条田作为平整单元。

②田面平整度。沟、畦灌溉的旱作区,一个临时毛渠控制的田面地段,纵横方向没有反坡,田面纵坡方向一般设计与自然坡降一致,田面横向一般不设计坡度,在此情况下,纵坡斜面上局部起伏

高差和畦田的横向两边高差一般均以不大于3~5 cm为宜;为了种稻或洗盐进行的平地,格田内绝对高差一般不宜超过±3 cm。

③注意保持土壤肥力。在挖填土方时,要先移走表层熟土,完成设计的挖填深度后,再把熟土层归还地表面。

④平整后的地面坡度应满足灌水要求。不同的灌水技术要求的坡度不同,但决不能有倒坡的情况。顺灌水方向田面坡度一般为1/800~1/400,最小不应小于1/1 000,最大不应大于1/300。一般畦灌的田面坡度可大一些,水稻格田的田面坡度要小一些,格田范围内的田面基本水平。

⑤平整土方量最小。在平整田块内,尽可能使填挖土方量基本平衡,尽量避免大范围的挖高填低,使总的平整土方量达到最小。在此基础上,应精心设计,合理分配土方,就近挖填平衡,避免长距离地调运土方,保证同一平整田块内的平均土方运距最小且运输线路没有交叉和对流。

2.2.2 农田田面高程设计

农田平整高程设计的合理与否关系到平整工程量的大小及相应的田块规划。在不同地区,农田平整高程设计的标准不同。地形起伏小、土层厚的旱涝保收农田田面设计高程根据土方挖填量确定;以防涝为主的农田,田面设计高程应高于常年涝水位0.2 m以上;地形起伏大、土层薄的坡地,应修建梯田,田面设计高程应根据梯田的规格确定;地下水位较高的农田,田面设计高程应高于常年地下水位0.8 m以上。

农田平整施工时,应考虑在农田的填方地块,由于所填虚土将会有一定的沉陷,因此在填方处一般应留有相当于填土厚度20%左右的虚高,保证虚土沉实后达到设计田面高程要求。

2.2.3　确定平整方案

(1)根据整理区平整工程量及地形变化幅度的大小,农田平整方案可分为局部平整与全面平整两种。

局部平整即结合地形地势进行平整,允许田块有一定的坡度,以耕作田块为平整单元,在每个平整单元内部,保持土方的挖填方平衡,不需要从区外大量取土或将土方大量外运,最终的田面高程是在挖填方平衡的基础上,根据所布置的沟渠水流方向来确定,各田块之间允许有一定的高差,即考虑渠道的布设要求,采取中高式或一面坡式两种形式,以满足自流灌排。局部平整的优点是:填挖方工程量和工程投资大大降低,有利于保护表土层。局部平整的缺点是:土方量计算较复杂,耕地新增量有所降低,增大沟渠布置的难度。

全面平整是在地形平坦地区,将整个项目区作为一个平整单元,设立一个平整高程,以平整高程为基准面对整理区进行全面平整。全面平整的优点是:能够最大限度地挖掘土地利用潜力,增加耕地面积;便于布置各项工程项目,方便农业生产;易于机械化作业和沟渠、道路、防护林的规划设计。全面平整的缺点是:填挖方工程量大,投资量大,对表土造成极大的破坏。

(2)根据地形纵向变化情况,农田平整方案可分为平面法、斜面法和修改局部地形面法三种。

平面法是将设计地块平整成一近似水平面。这种方法挖填土方量较大,一般多用于地形坡度不大的项目区和水稻田的平整。

斜面法是将设计地段平整成具有一定纵坡的斜面。坡度方向与灌水方向一致,并达到灌水技术要求。对沟灌、畦灌有利,需用土方量也较大。

修改局部地形面法是对设计地块进行局部的适当修改,而不是全部改变其原有地形面貌,只是将过于凸凹的局部修平,把阻碍灌水的高地削除,低地填平,倒坡取削,对灌水无阻碍就可以。这种方法适用于面积较大、地形变化较多、大范围挖填工作量太大的地区。其优点是大大减少了土方量。

(3)根据平整的精度,农田平整方案又可分为大平、粗平、细平三种。

大平就是常说的"大平大整",这是平整土地当中用工最多、动土方量最大的一项工程,往往需要几年的时间才能完成。诸如削平土岗、填沟补洼等。

粗平是平整土地最广、范围较大的一项工程。可分为取高垫低、合并地块、改田埂等多项内容,从而完成平整土地的基础。

细平就是在粗平的基础上对土地进行精细平整,细平是建设高标准农田的基础工程。

2.2.4　土地平整设计方法

在平地测量和平整方案确定的基础上进行土地平整设计,主要是设计田面高程、计算挖填土方量。根据地形条件,土地平整设计方法有方格网法、散点法和截面法等。

2.2.4.1　**方格网法**

方格网法适用于比较复杂的地形。在田块平面形状比较方正的情况下,精度较高,但测量和计算工作量较大。其设计步骤如下。

1. 平地测量

根据地形条件和施工方法将要平整的田块划分成边长为10～50 m 的方格,各方格的定点均用木桩标定,形成方格网,对各方格进行编号,分别测出各方格四个顶点的高程,并绘出方格网点的高程图。

一般地形起伏较大或水田地区,采用 10 m×10 m 的方格;地形相对平坦,采用人力施工的,采用 20 m×20 m 的方格;机械施工的,多采用 50 m×50 m 的方格。方格网点名称如图 2-1 所示。

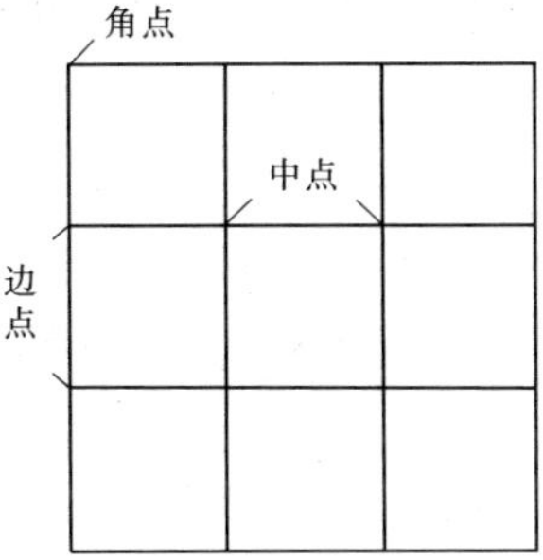

图 2-1　方格网点名称

2. 计算田面平均高程

根据测出的高程点和方格总数计算田面平均高程,即

$$H_0 = \frac{\sum H_{角} + 2\sum H_{边} + 4\sum H_{中}}{4n} \tag{2-1}$$

式中:H_0 为平整田面平均高程,m;$\sum H_{角}$ 为方格网各角点高程之和,m;$\sum H_{边}$ 为方格网各边点高程之和,m;$\sum H_{中}$ 为方格网各中点高程之和,m;n 为方格网个数。

3. 计算各网点设计高程和挖填值

对于水平田面,田面平均高程就是各网点设计高程 H_0;对于旱作地,为了满足沟、畦灌排,要求田面有一定坡降,此时各网格点的设计高程应计及方格边长乘以设计坡面比降算出的方格边长高差值。

通常以平均高程作为田块设计坡度方向中心点的设计高程,然后从中心点开始,推算上下各网格点的设计高程,逆坡逐点递增一个方格边长高差值,顺坡逐点递减一个方格边长高差值。各网格点的设计高程算出后,可按下式计算各点挖填值;挖填值为"+"时表示挖方,为"-"时表示填方。

挖填深度 = 地面高程 - 设计高程

4. 计算挖填方量

一般要求挖填方量基本平衡,挖方接近或略大于填方。可按下式计算挖填方量:

$$V_{挖} = \frac{\sum h_{角挖} + 2\sum h_{边挖} + 4\sum h_{中挖}}{4} \times M \qquad (2\text{-}2)$$

$$V_{填} = \frac{\sum h_{角填} + 2\sum h_{边填} + 4\sum h_{中填}}{4} \times M \qquad (2\text{-}3)$$

式中:$V_{挖}$为总挖方量,m^3;$V_{填}$为总填方量,m^3;$\sum h_{角挖}$为方格网各角点挖深之和,m;$\sum h_{边挖}$为方格网各边挖深之和,m;$\sum h_{中挖}$为方格网各中点挖深之和,m;$\sum h_{角填}$为方格网各角点填高之和,m;$\sum h_{边填}$为方格网各边填高之和,m;$\sum h_{中填}$为方格网各中点填高之和,m。

2.2.4.2 散点法

散点法适用于地形虽然有起伏,但变化比较均匀、不太复杂的地形。这种方法测量不受太多限制,可以根据地形情况布置测点。其设计步骤如下。

1. 平地测量

在田面四角、四边、田块的最高点、最低点、次高点、次低点及一切能代表不同高程的各个位置上都均匀布置测点,并测出其高程。

2. 计算田面平均高程

根据测出的高程点计算田面平均高程:

$$H_0 = \frac{1}{n}\sum H_i = \frac{H_1 + H_2 + \cdots + H_n}{n} \qquad (2\text{-}4)$$

3. 计算挖填值

将各实测点高程与平均高程相比较,大于平均高程的为挖方,小于平均高程的为填方。计算出各点高程与平均高程的差值,作为施工时应掌握的挖填深度,再将其中的正值求平均,可计算出平均挖深;负值求平均,即为平均填高。计算公式为

$$h_{挖} = \frac{\sum H_w}{k} - H_0 \tag{2-5}$$

$$h_{填} = H_0 - \frac{\sum H_t}{m} \tag{2-6}$$

式中：$h_{挖}$为挖方区平均挖深，m；$\sum H_w$ 为大于平均高程 H_0的各测点高程之和，m；k 为大于平均高程 H_0的测点数；$h_{填}$为填方区平均填高，m；$\sum H_t$ 为小于平均高程 H_0的各测点高程之和，m；m 为小于平均高程 H_0的测点数。

4. 计算挖填面积和挖填土方量

根据挖填平衡原则，由下列方程组可分别求得挖方面积、填方面积及相应的挖填土方量。

$$\begin{cases} A_{挖} h_{挖} = V_{挖} = V_{填} = A_{填} h_{填} \\ A_0 = A_{挖} + A_{填} + A_b \end{cases} \tag{2-7}$$

挖方面积：$$A_{挖} = \frac{(A_0 - A_b) h_{填}}{h_{填} + h_{挖}} \tag{2-8}$$

填方面积：$$A_{填} = \frac{(A_0 - A_b) h_{挖}}{h_{填} + h_{挖}} \tag{2-9}$$

挖填土方量：$$V_{挖} = V_{填} = \frac{(A_0 - A_b) h_{填} h_{挖}}{h_{填} + h_{挖}} \tag{2-10}$$

式中：$A_{挖}$为挖方面积，m^2；$A_{填}$为填方面积，m^2；A_b为不挖不填面积，m^2；$V_{挖}$为挖方量，m^3；$V_{填}$为填方量，m^3；A_0为土地整理总面积，m^2；其他符号意义同前。

2.2.4.3　截面法

截面法一般用于地形坡度较大，需要修筑梯田时，对梯田进行平衡设计。其设计步骤如下。

1. 梯田田面宽度设计

梯田田面宽度设计主要考虑地形坡度和土层厚度。为尽量减小挖填土方量，地形坡度大、土层较薄时，则田面宽度宜小；地形坡度小、土层较厚时，则田面宽度可大一点，同时要考虑施工和机耕的要求。

2. 梯田田坎高度设计

梯田田坎高度主要根据地形坡度、耕作要求等因素确定。

3. 梯田田坎坡度

为保持梯田的稳定性，田坎需修成一定的侧坡，田坎越高，侧坡应越缓。

4. 梯田田面高程设计

梯田田面的高程设计，一般从各渠道控制的最高田面开始，以田坎高度为基数逐块向下推算。

5. 挖填土方量计算

为了减小工程量，一般以每块梯田为平整单元，在平整单元内一挖一填、挖填平衡。梯田断面要素如图 2-2 所示，从图 2-2 可以推算出各要素之间的关系式如下：

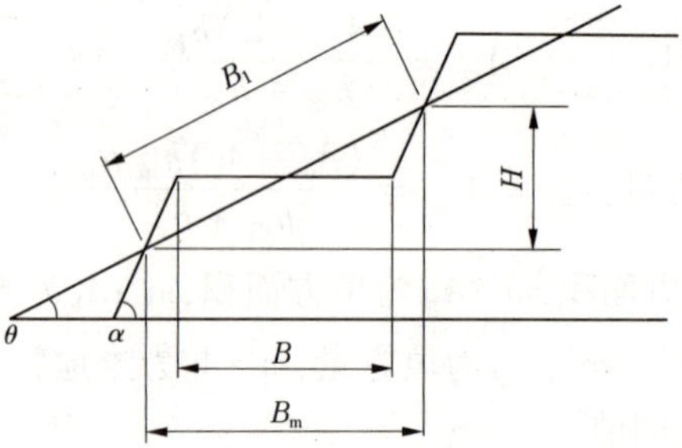

图 2-2　梯田断面要素示意图

$$B_m = H\cot\theta \tag{2-11}$$

$$H = \frac{B}{\cot\theta - \cot\alpha} \tag{2-12}$$

$$B_1 = \frac{H}{\sin\theta} \tag{2-13}$$

式中：θ 为原地面坡度，(°)；α 为田坎坡度，(°)；H 为田坎高度，m；B 为田面净宽，m；B_m 为田面毛宽，m；B_1 为原坡面斜宽，m。

根据确定的田面净宽 B、田坎坡度 α 和原地形坡度 i，用下式计算梯田的挖填土方量：

$$V_{挖} = \frac{B^2}{8 \times (\cot\theta - \cot\alpha)} = \frac{B^2}{8 \times \left(\frac{1}{i} - \cot\alpha\right)} = V_{填} \tag{2-14}$$

2.2.5 地力保持工程

土地平整应尽量避免或减少对耕作层的破坏，在对原有耕地动土不可避免的情况下，应对原有耕地采取地力保持工程措施；对于新增耕地，要视情况采取一定的措施以保证有效土层厚度，改善表土结构，提高新增耕地质量。地力保持和改善的工程措施一般包括表土处理、客土回填、深耕松土等。土地平整后形成的耕地耕作层应满足以下要求：

(1)灌溉水田和菜地应保证 15 ~ 20 cm 的耕作层，当下层有砾石或泥炭层时，熟土层宜为 20 ~ 25 cm。

(2)水浇地和旱地应保证 20 ~ 25 cm 的熟土层，如果平整覆土前土壤粗砂、砾石含量较高，土体含有障碍层时，则耕作层宜为 25 ~ 30 cm。

(3)耕作层质地较好，以沙壤土至壤土为佳，基本无大的砾石，表土疏松，土壤通气性好，心土紧实，保墒保肥。

(4)耕作层土壤无污染，有机质含量不低于 8 g/kg，pH 为 5.5 ~ 8.5，含盐量不高于3 g/kg。

2.3 田块规划设计

田块规划处于农田平整规划与其他单项规划之间,起着承上启下的作用。一方面,农田平整规划为田块规划奠定基础,在一定程度上决定田块规划布局;另一方面,田块规划的确定又相应确定了水利、道路、防护林等单项规划,但在田块规划的同时必须全面考虑其他规划。如条田、梯田的布局与规格的确定需要综合考虑土地平整工程量、沟渠与田间道路的间距等。因此,田块规划与其他规划既相互联系又相互制约,田块规划的好坏制约着其他单项规划效益的发挥,从而影响整个工程的效益。

2.3.1 耕作田块要素配置

耕作田块是最基本的耕作和管理单位,其长度、宽度、规模、外形、方向、质量等要素配置的合理与否,直接影响到田间灌排渠系、田间道路、护田林带等作用的发挥及机耕效率的提高。

2.3.1.1 耕作田块的长度

适宜的田块长度有利于提高机械作业效率、灌溉效率和合理组织田间生产过程。

为了提高拖拉机的工作效率,要求耕作田块具有一定的长度。田块越长,则拖拉机在地头空转弯的次数相对越少,工作效率也越高,耗油量也随之减少,机件磨损也小。如采用东方红 -54 进行耕翻,当田块长度为300 m时,机组空转弯时间占有效作业时间的30%,而当其长度为1 000 m时,机组空转弯时间仅占有效作业时间的4%。田块长度与机械作业效率有着密切的关系(见表2-1)。

从表2-1 可以看出,机械作业效率随着田块长度的增加而提高,但不成正比例。当田块长度在400 m以下时,机械作业效率的变化非常明显,但当田块长度超过400 m时,其变化幅度就不太明显,而田块长度在500 m左右时,其行程利用率即可达到90%以上。因此,从机械作业要求情况来看,田块长度不能太短,但也不是越长越好。从我国目前情况来看,农业机械化还是有选择性地进行,在一个相当长的时期内,许多田间作业,还要人力、畜力去完成,所以田块长度也要兼顾人力、畜力作业的要求。

表2-1　某拖拉机机械作业效率与田块长度的关系

田块长度(m)	50	100	200	400	600	800	1 000
行程利用率(%)	51	68	88	89	93	94	95
班工作量(hm^2)	3.67	4.33	4.87	5.20	5.40	5.47	5.53
所占比例(%)	67.00	97.70	88.50	95.30	97.70	99.00	100.00
亩耕耗油量(kg)	1.73	1.45	1.30	1.21	1.18	1.16	1.15
所占比例(%)	150.0	126.0	113.0	105.5	102.5	101.0	100.0

此外,田块的长度还要考虑灌溉的要求,在灌溉区,耕作田块即灌水地段,因此要根据末级固定渠道要求的适宜长度和控制面积来确定田块的长度。根据有关试验,农渠长度为400~600 m是适宜的。

田块的长度一般为500~800 m或更长一些。在平原地区田块长些,而丘陵地区要短些;在旱作地区田块可长些,而在水稻地区则短些。

2.3.1.2　耕作田块的宽度

在平原地区机械化较高的条件下,田块的宽度要便于机械顺利作业,在划分作业小区进行耕作时,田块的宽度最好为作业小区的整数倍。例如,谷物联合收割机采用回形法收割时,其作业小区宽一般为200~300 m,而拖拉机带一台或两台犁进行耕翻时,作业小区宽为50~100 m。由于各种机组的工作幅宽不同,所以在具体确定田块宽度时,可参照当地使用量最大的机组的工作幅度的整数倍来确定。

灌溉区田块的宽度即末级固定渠道的间距,根据试验以200 m左右为宜,最大不超过300 m,以便于水稻田的灌溉管理。田块过宽,往往使田块内小地形不一致,增加平整土地的工作量。

风害地区要考虑护林带的间距,主林带沿田块长边配置,其间距即为田块的宽度,护林带的间距取决于有效防风距离,一般为树高的25~30倍,若树高为10~12 m,护林带间距则为250~350 m。

综上所述,在平原地区田块宽度可为200~400 m。水稻地区可窄些,旱地、水浇地可宽些。

在需要排水的地区,田块宽度要结合排水沟的有效间距来确定,以保证将地下水位控制在临界深度以下。这时排水沟间距与土壤质地、作物对地下水位深度的要求、沟的深度及机械作业要求等因素有关。一般在非盐碱地区,沟深为1.0~1.5 m时,排水沟间距可采用200 m左右,在盐碱地区,沟距可适当缩短。

2.3.1.3 耕作田块的规模

根据上述耕作田块的适宜长度和宽度,其规模大致为10~13.33 hm^2。反之,在一定的独立地段上,由于面积已确定,田块的长度和宽度也受到了限制,所以田块的长度与规模是相互制约的。

不同地区由于采取不同的经营方针,种植不同的作物种类,田块规模差别很大。一般在平原机械化旱作地区,要求田块具有较大的规模,而在丘陵水田地区,规模就不可能太大。在水稻田内还要进一步划分格田,以便精细平整土地,更好地控制稻田的灌排水和田间作业,格田的规模一般在0.33~0.4 hm^2,长度在50~150 m,宽度在20~40 m。

2.3.1.4 耕作田块的外形

为了便于机械作业和田间管理,田块的外形要力求规整,尽量做到:

(1)田块最好是长方形、方形,其次是直角梯形、平行四边形。

(2)田块的两个长边要平行和呈直线。

(3)不能把梯形和平行四边形田块的短边设计得过斜。

(4)不能把田块设计成形状不规整的三角形和多边形。

有关资料表明,在较小的三角形田块上耕翻土地时,空转率是相同面积长方形田块的 2.5 倍。

在不规则外形的地段上划分耕作田块时,要力求外形规整。长方形、梯形、三角形地段的设计如图 2-3 所示。

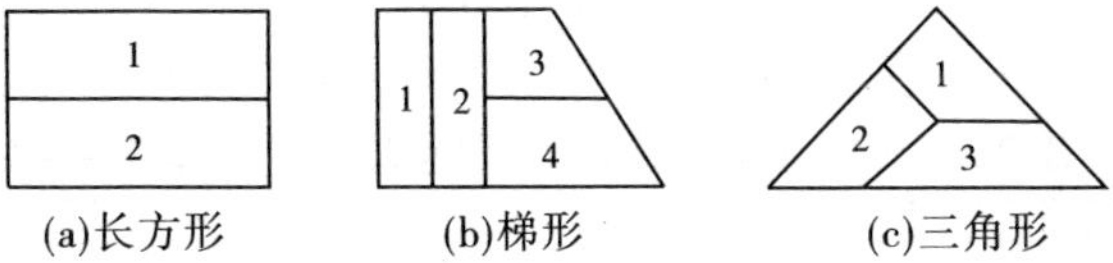

图 2-3　不同形状地段田块设计

在自然边界(河流、沟谷、山等)较多的地区,最好把自然界线设计成田块的短边,这样既不影响机械作业又不浪费土地(见图 2-4)。

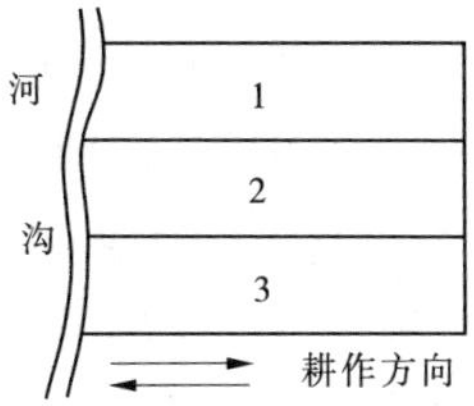

图 2-4　田块短边在曲线边界上

2.3.1.5　耕作田块的方向

耕作田块的方向是指田块的长边方向。在选择田块方向时应考虑下列要求:

(1)要为作物生长发育创造良好的光照条件。田块方向应保证作物一天当中能够尽量多吸收太阳的光热。根据日出与日落的方位移动,太阳光线投射到作物东西行向和南北行向的时间不同,如夏半年(春分到秋分)太阳出没偏北,太阳照射到东西行向的株间的时间比南北行向的株间的时间长,温度也较高,这对春播和喜温作物有利,所以夏半年作物东西行向种植为好。而冬半年(秋分到春分)太阳出没偏南,投射到南北行向的株间时间比夏半年要长,这对越冬作物有利,所以冬半年以南北行向种植作物为好。至于某些耐阴作物或有特殊要求的作物要具体分析,恰当安排。

(2)要有利于在坡地上机械作业和符合水土保持的要求,田块方向影响到地表径流的大小和土壤侵蚀量(见表2-2)。

表2-2　田块方向分别为顺坡与横坡时的土壤侵蚀量

降水量(mm)	降水次数	地面坡度	耕作方向	细沟密度(m/m^2)	片蚀点密度(m/m^2)	侵蚀量(kg/hm^2)
12.2	4	10°~13°	顺坡	1.84	0.9	35 775
12.0	4	10°~13°	横坡	0.20	3.1	4 200

注:参考北方旱区农业学术讨论会论文选编,1993年,第166页。

从表2-2可以看出,首先在降水量、降水次数和地面坡度基本相同的条件下,由于耕作方向不同,顺坡的土壤侵蚀量是横坡的8.5倍。其次影响机械作业效率,当拖拉机机组顺坡耕作时,为了克服爬坡阻力,势必加大拖拉机的功率消耗。试验结果表明,当机组爬坡时每升高1°,消耗功率16.5%;当田块方向平行等高线时或沿等高线变化不大时,每上升1°,只消耗功率0.25%。可见,田块的长边应沿等高线方向配置。

(3)要有利于降低地下水位的要求,在盐渍地区,降低地下水位、排碱洗盐是生产中的关键问题。所以,末级排水沟(农沟)应垂直地下水流流向布置,以利于截排地下水。所以,应使田块的长边垂直于地下水流流向。

(4)要有利于防风要求,一般主林带沿田块长边方向配置,使主林带与主害风方向垂直,防风效果最好,因此在设有护田林带地块上,耕作田块长边应与主害风方向垂直或接近垂直。

(5)要有方便的交通运输条件,要使耕作田块的方向与居民点的位置保持最短的距离和最便利的交通条件,避免由于田块方向设计的不合理引起绕道而行。

2.3.1.6 耕作田块的质量组成

要求耕作田块内土壤、坡向和坡位一致,这样才能使同一田块内土壤肥力和土壤耕性一致,从而使作物生长发育一致,便于同时进行作业、管理和获得稳定的产量。

综上所述,配置耕作田块时受多种因素的影响,它们之间既相互影响又相互制约,应根据不同地区的特点,抓住主要矛盾,首先应满足主要要求,其次综合考虑其他要求,使耕作田块得到合理配置。

2.3.2 田块规划设计

田块类型主要包括条田、梯田两种,在规划设计中主要包括条田、梯田规格及其格田、畦田田埂的修筑。

2.3.2.1 条田

1. 条田方向

条田方向指条田的长边方向,主要受末级固定沟渠走向的影响。沿海平原有风害地区,条田方向应与主害风向垂直或与主害风向垂直线的交角小于30°~45°。

2. 条田长度

条田长度应满足有利于提高农业机械工作效率、减小土地平整工程量、灌水方便和排水通畅的要求,同时要适应地块形状和沟、渠、路的布局。

在其他条件基本类似的情况下,灌水方便、排水通畅性要求是确定条田长度的主要控制性因素,盐化平原区和水网圩田平原区条田长度宜为400~600 m,其他平原区条田长度宜为500~800 m。

3.条田宽度

条田宽度应与农沟间距及沟渠布置形式、农田防风林的有效防护距离相一致,同时应满足农业机械作业要求。不同工程类型区的条田宽度宜按表2-3确定。

表2-3 不同工程类型区适宜条田宽度 （单位:m）

平原类型	农沟间距	沟渠布置形式	条田宽度
黄泛平原区	160~200	灌排相间	80~100
		灌排相邻	160~200
冲积缓斜平原区	80~120	灌排相邻	80~120
盐化平原区	60~100	灌排相间	30~50
脱盐平原区	80~120	灌排相间	40~60
		灌排相邻	80~120
高沙平原区	120~160	灌排相间	60~80
		灌排相邻	120~160
沿江平原区	80~120	灌排相间	40~60
		灌排相邻	80~120
河谷冲积平原区	80~120	灌排相间	40~60
		灌排相邻	80~120
水网圩田平原区	60~120	灌排相间	30~60

4.田埂修筑

条田内部应根据灌水要求和承包经营的要求修筑田埂,格田田埂高度宜为30~40 m,埂顶宽度宜为20~30 m,田埂间距宜为20~40 m;畦田田埂高度宜为20~30 m,埂顶宽度宜为10~20 m,

田埂间距宜为 30～50 m，在畦田内再分灌水畦或灌水沟，灌水畦宽度 2～3 m，灌水沟间距为 2～3 m。田埂应用素土修筑，土料宜就近从田间采取。由于条田的四周与沟渠相邻，所以四周的田埂规格应按沟渠稳定和耕作交通的需要确定。

2.3.2.2　梯田

1. 梯田类型

山丘区的耕地通常是以沟渠、道路为骨架划分耕作区（条田），耕作区形状宜为矩形、正方形或扇形。在耕作区内布置梯田，梯田长边应平行于等高线，田块布局宜顺山坡地形，大弯就势，小弯取直。

根据江苏省低山丘陵区地形坡度、土层厚度、降水量和降水强度、耕地资源情况、劳动力和经济条件等因素，梯田的断面形式宜采用水平梯田形式。梯田之间的高差不宜太大，一般为 0.3～1.0 m，梯田的田坎材质以土质为主，局部由于高差太大，为了田坎稳定，可以考虑修建石质田坎。

2. 田面宽度

梯田田面宽度应与地形坡度、土质和土层厚度等相适应。不同地形坡度水平梯田断面适宜参数见表 2-4。

表 2-4　不同地形坡度水平梯田断面适宜参数

地形坡度(°)	田面宽度(m)	田坎高度(m)	田坎坡度(°)
1～5	10～15	0.5～1.2	85～80
5～10	8～10	0.7～1.8	80～75
10～15	7～8	1.2～2.2	75～70
15～20	6～7	1.6～2.6	70～65
20～25	5～6	1.8～2.8	65～60

注：表中的田面宽度与田坎坡度适用于土层较厚地区和土质田坎。土层较薄地区田面宽度应根据土层厚度适当减小；对石质田坎的坡度，应结合石坎梯田的施工要求确定。

3. 田面长度

梯田田面长度主要根据地形、地貌条件而定，田面长度宜为100～200 m，以便耕作。

2.4 田间灌排工程

2.4.1 田间灌排渠系配置

田间灌排渠系是指末级固定渠道（农渠、农沟）以下及耕作田块内的临时渠道（毛渠、毛沟、灌水沟、畦等）。由于地区和灌水方式的不同，田间灌排渠道布置形式亦多种多样，以下主要介绍地面明渠方式下田间灌排渠系的配置。

2.4.1.1 一般要求

（1）要与其他相关规划项目紧密配合，要结合田块、林带、道路的配置综合考虑，一般应将田间沟、渠沿田块界线配置，做到田块规整，便于耕作和灌排。

（2）要考虑地形条件和机耕要求，尽量利用田间原有工程设施，以减少工程量和财力消耗。

（3）布置田间渠时应注意与上一级渠道的水位衔接，以便灌溉和排水。

2.4.1.2 平原地区

田间灌排渠系的布置形式如图 2-5 所示。

1. 末级固定渠道（农渠、农沟）的布置形式

（1）灌排相邻布置。农渠与农沟相邻布置。这种形式适用于一面坡地地形区。

（2）灌排相间布置。农渠向两侧灌水、农沟承泄两侧的排水。这种形式适用于小地形起伏地区。将农渠布设在高处，农沟布设在低处。这种形式有利于两面排水，减少渠道的渗漏损失，但修渠

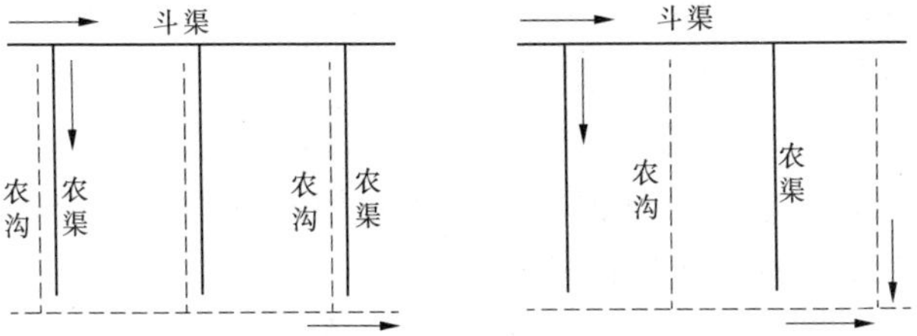

(a)灌排相邻布置　　(b)灌排相间布置

图2-5　田间灌排渠系的布置形式

工程量大,减小了田面宽度,对机耕效率有影响。

(3)上灌下排与灌排合一。上灌下排形式也叫竖向结合形式,即排水沟为暗沟,暗沟上面为灌水渠。灌排使用同一条渠道,为灌排合一形式。这两种形式的优点是节约耕地,但投资较大,不便于控制地下水位,影响作物产量和增加灌溉用水量。

2. 田间临时渠系的布置形式

纵向布置:灌溉水从毛渠通过输水沟、畦。毛渠布设方向与灌水沟、畦方向一致,为田间灌溉创造良好的条件。

横向布置:灌溉水直接从毛渠输送到灌水沟、畦。毛渠布设方向与灌水沟、畦方向垂直。这样布设使灌水沟、畦沿地面最大坡度方向,以利于灌溉。

毛渠的间距:当采用纵向布置时,输水垄沟的长度一般为50～80 m,若双向控制,则间距加倍。当采用横向布置时,毛渠的间距即灌水沟的长度一般为50～100 m;若双向控制为其双倍,毛渠的长度即农渠的长度,一般为200～400 m。

畦田是整地播种时,修筑的15～25 m高的纵横小埂,形成一块块狭长的畦田,田面坡度介于1/1 000～1/300,一般畦长为30～100 m。

在水田地区,种植水稻多采用淹灌法,将灌水地段由毛渠所控制的范围内，用田埂分割为若干格田，在格田内进行精细地平整土地，并且具有独立的进、泄水口。

格田的地面坡度应小于 1/1 000，格田长度一般为 50 ~ 150 m。其宽度一般根据地面坡度大小及田间管理工作的方便而确定，格田宽度大致可按下式计算：

$$B = \frac{h_2 - h_1}{i} \approx \frac{5h_0}{i} \tag{2-15}$$

式中：B 为格田宽度；i 为格田的纵向坡度；h_1 为格田上缘的水层深度；h_2 为格田下缘的水层深度；h_0 为格田内平均水层深度。

一般 h_2、h_1 之差不允许大于 5 cm，故 $h_2 - h_1 \leqslant 5h_0$。设 $h_0 = 1$ cm，坡度 $i = 1/1\ 000$，则格田宽度 $B = 50$ m。

2.4.1.3　**山丘地区**

南方山丘地区的耕地根据地形特点和所处地位分为冈田、旁田、冲田三种类型，冈田为位于冈顶上的耕地，冲田为介于山冈之间的低平地，旁田是冲冈之间坡地上的耕地。

冈田地势高，两边排水，主要怕旱，一般沿冈脊布置斗渠，在斗渠两侧开农渠，灌排结合。在冈头部分按地块的宽窄可分为宽冈头和窄冈头两种形式：

(1)宽冈头，农渠垂直于等高线布置，毛渠则沿等高线呈水平方向布置，格田(畦田)呈长方形。

(2)窄冈头，斗渠垂直于等高线布置，农渠也垂直于等高线布置，毛渠沿等高线随弯就势布置，格田(畦田)呈扇形。

冲田地势低洼，地下水位高，易涝易渍，应以排为主，结合灌溉。对小冲田一般不开冲田沟，在坡水大的一侧开排水沟，在坡水小的一侧开灌排两用渠。垂直冲田走向开排水腰沟多条，呈“月”字形布置。在较宽大的冲田内，一般增开冲心沟，呈“用”字形布置。上小下大的冲田，排水布局在上部呈“月”字形、下部呈“用”字形布置。

旁田地面倾斜,坡度较大,按等高线修成梯田。旁田怕旱,应以灌溉为主,结合排水。一般采用斗、农两级渠道。斗渠平行于等高线布置,农渠垂直于等高线布置。

2.4.2　田间灌排工程设计

2.4.2.1　**农渠**

1. 农渠的布置

农渠的布置与农沟布置相协调,根据地形条件,农渠与农沟通常采用灌排相邻布置或相间布置。农渠的设计水位应高于田面10~20 cm,以便自流灌溉。土质农渠的渠底可以低于田面一定深度(小于50 cm),在雨水多时可以兼顾排水;防渗农渠的渠底应与田面高程基本一致,以便放空渠内积水。盐化平原区和水网圩田平原区农渠长度为400~600 m,其他平原区农渠长度为500~800 m,山丘区农渠长度随地形而定。

2. 农渠的设计流量

农渠的设计流量应根据项目区的设计灌水率、渠道的工作制度及农渠控制的面积按照《灌溉与排水工程设计规范》(GB 50288—1999)的要求进行计算。通常情况下,农渠的流量控制在0.02~0.05 m^3/s 为宜。

3. 农渠断面设计

1) 农渠的断面形式

土质农渠都是梯形断面,防渗农渠通常采用的断面形式有U形、矩形和梯形等。

对于土质农渠,其梯形断面的边坡系数不能小于1.0;对于混凝土防渗的梯形断面,其边坡系数不能小于0.5。农渠的比降一般应大于1/500。

2) 农渠的断面尺寸

农渠都是正坡明渠,农渠的断面尺寸可根据设计流量按明渠均匀流公式进行设计。

对于梯形渠道,断面尺寸可按《灌溉与排水工程设计规范》(GB 50288—1999)的要求进行计算;对于U形及其他形式的渠道断面尺寸,可按《渠道防渗工程技术规范》(GB/T 50600—2010)推荐的方法计算。

4. 农渠防渗

农渠防渗应符合以下要求:

(1)渠道防渗结构宜根据当地材料状况,采用浆砌石结构、混凝土结构,其中浆砌石结构主要适用于低山丘陵区。

(2)防渗渠道断面形式可采用U形、梯形、弧形底梯形和矩形,由于农渠断面小,采用混凝土防渗时优先推荐U形断面。

(3)防渗渠道在边坡防渗结构顶部应设置水平封顶板,其宽度宜为15~20 cm,厚度宜为6~10 cm。

(4)现浇混凝土防渗渠厚度不宜小于5 cm,每隔4~6 m应设置横向伸缩缝,缝宽2 cm左右,缝内嵌填柔性止水材料。预制混凝土防渗渠道和浆砌石防渗渠道的砌筑缝宜用水泥砂浆勾缝。

(5)防渗渠道堤顶宽度不小于50 cm。

2.4.2.2 农沟

1. 农沟的布置

农沟的布置与农渠布置相协调,通常农渠布置在较高的位置,以便灌水,农沟布置在相对低的位置,以便排水。农沟的深度应满足农田的降渍要求,一般为1.5~2.0 m。农沟的间距是在沟深一定的情况下,满足降渍时的地下水降落要求而确定。根据江苏省的研究成果,农沟间距和深度宜符合表2-5的要求。盐化平原区和水网圩田平原区农沟的长度为400~600 m,其他平原区农沟的长度为500~800 m,山丘区农沟长度随地形而定。

2. 农沟的设计流量

农沟的设计流量包括排涝流量和排渍流量。农沟的排涝流量等于项目区的排涝模数乘以农沟控制的排水面积。农沟的排渍流量等于项目区的排渍模数乘以农沟控制的排水面积。

表 2-5　农沟间距和深度　（单位：m）

区域类型	深度	间距
低山丘陵区	0.8～1.2	100～200
黄泛平原区	1.2～1.4	160～200
冲积缓斜平原区	1.2～1.4	80～120
脱盐平原区	1.3～1.5	80～120
盐化平原区	1.5～1.8	60～100
高沙平原区	1.2～1.4	120～160
沿江平原区	1.3～1.5	80～120
河谷冲积平原区	1.3～1.5	80～120
水网圩田平原区	1.2～1.4	60～120

注：新建农沟适用本表的规定。现状的农沟间距一般为 200 m 左右，在整理时应适当加大沟深。

3. 农沟的断面设计

一般情况下，农沟不能衬砌，所以农沟断面均为梯形断面。按照排涝流量设计的农沟断面往往很小，通常农沟的断面尺寸是根据沟深和满足边坡稳定的要求来确定的。农沟的边坡系数应大于 1.25。

2.4.2.3　田间灌排畦、沟

稻作区的灌排水单元就是格田，一般不在格田内布置临时灌排水沟道。旱作区的灌排水单元虽然是畦田，但为了提高灌排水效率和质量，必须在畦田内布置临时灌排畦、沟。

1. 灌水畦、沟

为了方便灌水，旱作区的畦田田面坡度宜为 1/800～1/300，水平畦田田面坡度不宜大于1/300，在畦田内布置灌水畦、沟。

旱作物灌水畦、沟应满足以下要求：

(1)畦宽不宜大于3 m，并应与农机具作业要求相适应。自流灌水畦长度不宜超过80 m，提水灌区和井灌区的畦田长度不宜超过50 m。

(2)灌水沟宽不宜大于0.4 m，沟深不宜大于0.3 m，沟距不宜大于3 m，并应与作物行距相协调。自流灌溉的灌水沟长度不宜超过100 m，提水灌溉的灌水沟长度不宜超过50 m。

旱作区灌水畦、沟的技术要素可按表2-6确定。

表2-6　旱作区灌水畦、沟的技术要素

土壤透水性(m/h)	灌水沟			灌水畦		
	沟长(m)	沟底比降	入沟流量(L/s)	畦长(m)	畦田比降	单宽流量(L/(s·m))
强(>0.15)	50~100	>1/200	0.7~1.0	60~100	>1/200	3~6
	40~60	1/500~1/200	0.7~1.0	50~70	1/500~1/200	5~6
	30~40	<1/500	1.0~1.5	40~60	<1/500	5~8
中(0.10~0.15)	70~100	>1/200	0.4~0.6	80~120	>1/200	3~5
	60~90	1/500~1/200	0.6~0.8	70~100	1/500~1/200	3~6
	40~80	<1/500	0.6~1.0	50~70	<1/500	5~7
弱(<0.10)	90~150	>1/200	0.2~0.4	100~150	>1/200	3~4
	80~100	1/500~1/200	0.3~0.5	80~100	1/500~1/200	3~4
	60~80	<1/500	0.4~0.6	70~90	<1/500	4~5

2. 田间排水沟

南方地区雨水较多，为了及时排除旱作物的田间积水，在畦田或格田（水旱轮作区）内需要布置临时排水沟。在旱作区畦田内灌水的畦、沟就可以作为田间排水沟，一般不再开挖临时排水沟。在水旱轮作区，旱作生长时基本不灌溉，而排水是保证旱作物高产稳产的重要措施，江苏省广泛推广的田间内三沟具有显著的排水效果。内三沟包括竖沟、腰沟和田头沟，竖沟沿格田长边布置，间距不超过3 m，沟深大于0.2 m，沟宽小于0.3 m；腰沟垂直于竖沟布置，间距不小于15 m，且等分格田长边，沟深大于0.3 m，沟宽小于0.4 m；田头沟沿着格田四周开挖，并与竖沟、腰沟连通，沟深大于0.4 m，沟宽小于0.5 m，格田的排水通过竖沟、腰沟汇集到田头沟，再由田头沟排入农沟。

2.4.2.4　农田暗管排水

现有的农田排水系统，农沟的间距都是在200 m左右，加上田间浅明沟的配套使用，基本能消除旱作物的涝渍灾害，但对土壤黏重的地区，作物生长还经常受到渍害的威胁，为了消除渍害，在经济条件较好的高效农作区建议采用暗管排水。

1. 暗管排水系统的布置

暗管排水系统的布置应符合下列要求：

（1）吸水管（田间末级排水暗管）应有足够的吸聚地下水的能力，其管线平面布置宜相互平行，与地下水流动方向的夹角不宜小于40°。

（2）集水管（或农沟）宜顺地面坡向布置，与吸水管管线夹角不应小于30°且集排通畅。

（3）吸水暗管的首端与灌溉渠道的距离不宜小于3 m。

（4）水旱轮作区的吸水管或集水管或明沟出口处宜设置排水控制口门，吸水管出口可逐条设置，也可按田块多条集中设置。

（5）暗管排水系统的出口宜采用自排方式。排水出口受承泄区或排水沟水位顶托时，应在排水沟设置涵闸，设泵站提排。

2. 暗管设计

暗管设计应考虑以下内容：

(1)吸水管埋深应满足控制地下水位的要求；吸水管间距宜通过田间试验确定，或按《灌溉与排水工程设计规范》(GB 50288—1999)附录所列公式进行计算，经综合分析确定。无试验资料时可按表2-7确定。

表2-7　适宜吸水管埋深和间距　(单位：m)

吸水管埋深	吸水管间距		
	黏土、重壤土	中壤土	轻壤土、沙壤土
0.8～1.3	10～20	20～30	30～50
1.3～1.5	20～30	30～50	50～70
1.5～1.8	30～50	50～70	70～100
1.8～2.3	50～70	70～100	100～150

(2)吸水管内径不得小于50 mm；集水管内径不得小于80 mm；吸水管宜采用统一内径，集水管在汇流面积较大时可分段采用不同内径的管道。

(3)吸水管周围应设置外包滤料，以防止泥沙从排水管的孔眼或管节接缝处进入暗管而造成淤塞。滤料应就地取材，选用耐酸、耐碱、不易腐烂且对农作物无公害、无污染的透水材料，利用反滤层的原理设计。

2.4.3　田间配套建筑物设计

2.4.3.1　农门

农门是调节、控制引入农渠流量的进水建筑物。布置农门应符合以下要求：

(1)农门设在斗渠渠岸的侧旁。农门进水高程要满足田块灌水要求，一般应高出平整后田面接水端 20 cm 以上。

(2)农门一般选用涵管式，采用预制混凝土构件装配式安装。

(3)闸门制作的材料通常采用钢板、钢筋混凝土板、PVC板等。

2.4.3.2　灌水口、排水口

农渠(或管道)向格(畦)田灌水需设置灌水口，格(畦)田的涝水排向农沟需设置排水口。

1. 灌水口

灌水口设置应符合下列要求：

(1)灌水口设置在农渠的侧壁，用涵管将水引入田间，涵管直径不小于 20 cm，管底不低于受水田面高程，满足格(畦)田灌水要求，放水口前设控制闸门。

(2)灌水口的间距由格(畦)田的宽度确定，如果 1 个格(畦)田 1 个灌水口，其间距与格田宽度一致；如果 2 个格(畦)田共 1 个灌水口，其间距为 2 个格田的宽度。为了减少投资、便于管理，建议灌水口按 2 个格田共 1 个灌水口设置。

(3)灌水口宜采用预制混凝土构件，现场安装并砌筑。

2. 排水口

排水口设置应符合以下要求：

(1)格(畦)田排水口切忌直接在农沟一侧的堤顶上开沟，应在农沟一侧埋设排水涵管，涵管直径不小于 20 cm，管底高程应低于田面 30 cm。

(2)每个格(畦)田需设 1 个排水口，排水口的进水口应设控制设施，出水口下面应设防冲设施。

(3)水稻生长期为了实现稻田控制排水，可以利用水力装置设置自动排水闸门。

(4)在有暗管排水的农田，暗管排水出口应设控制设施。

2.5　田间道路配置

田间道路是田间生产和运输的动脉，它是联系着县与乡、乡与村、村与村、村与田间的通道，因此妥善地布置田间道路，对提高劳动生产率有着重要作用。

2.5.1　田间道路的种类

拖拉机路：是由乡（镇）通往各村或主要居民点的道路，供拖拉机和车辆行驶，服务几个村，在旱作区路面宽 6 m 左右，水田区则要窄些。

主要田间路：由居民点通往田间作业的主要道路，路面宽 4 ~ 6 m，一般多设在耕作田块的短边，服务于一组田块。

辅助田间路（田间小道）：是联系主要田间的道路，主要起田间运输的作用，服务于 1 ~ 2 个田块，路面宽 2 m 左右，一般多沿田块长边布置。

2.5.2　田间道路配置要求

（1）要保证居民点与田间有方便的交通联系：线路直，往返距离短，可以顺利到达每一个耕作田块。

（2）田间道路应沿田块边界布设，并与渠道、护田林带相协调。同时，应注意与干路取得衔接，以便形成统一的农村道路网。

（3）应尽量减小占地面积，路、沟、渠、林要结合配置，道路宽度和密度应按实际需要而定。应使道路跨越沟、渠尽量减少，以节省桥涵工程的投资。

（4）要注意田间道路的技术要求：主要道路的纵坡度不宜太大，在平原、丘陵地区不宜超过 6%，在山区最大不应该超过 11%。道路选线应在坚实的土质上，避开低洼沼泽地段。

2.6　农田防护林配置

农田防护林能够降低风速，减少水分蒸发，改善农田气候，减轻风沙和干旱的危害，为农作物生长发育创造有利的条件，从而起到护田增产的作用。配置农田防护林应注意解决下列问题。

2.6.1　林带结构

林带结构是指造林类型、宽度、密度、层次和断面形状的综合体。一般采用林带透风系数作为鉴别林带结构的指标。林带透风系数指林带背风面林缘1 m处带高范围内平均风速与旷野的相应高度范围内平均风速之比。林带透风系数0.35以下为紧密结构，0.35～0.60为疏透结构，0.60以上为透风结构。

(1)紧密结构：由乔木、亚乔木和灌木组成，三层树冠，树叶茂密，几乎不透风，防风距离较短，相对有效防风距离为10*H*(*H*为树高)，而且风积物容易沉积于林前和林带内。农田防护林不宜采用紧密结构。

(2)疏透结构：由数行乔木两侧各配一行灌木组成，上下透风均匀，相对有效防风距离为25*H*。不会在带内和林缘造成积雪和淤沙，所以在风沙严重的地区，可采用此种结构。

(3)透风结构：只由乔木组成，不搭配灌木，大量透风，防风距离最大，所以风害地区多采用这种结构。但在带内和林缘处风速大，易引起近林带处风蚀。

从林带的横断面来看，对于疏透结构林带来说，最好的断面形状是矩形。

2.6.2　林带方向

林带方向取决于主害风方向和地形条件，根据因害设防的原则，主林带应垂直于主害风（指5级以上大风，风速大于或等于8 m/s）方向，防风效果最佳。当由于地形条件或地界的变化，不能完全垂直时，可允许偏角有30°左右的变化，但不宜超过45°，否则防风效果显著下降。主林带与主害风方向如图2-6所示。

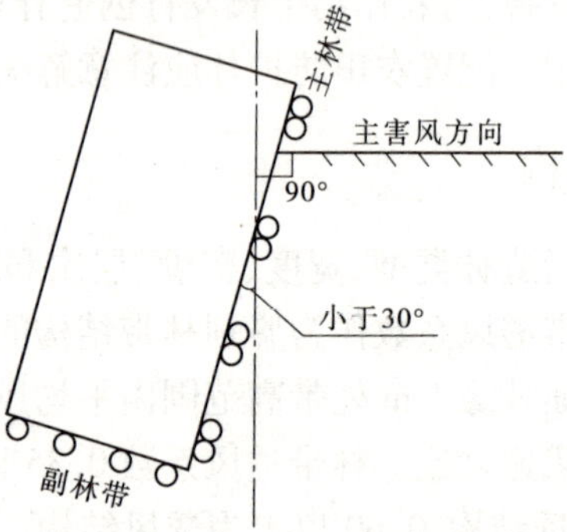

图2-6 主林带与主害风方向

2.6.3 林带间距

林带间距的大小取决于林带的有效防护距离，这种距离与树高成正比，同时与林带的结构有关。有关观测资料表明，林带的有效防风距离为树高的20～25倍，最多不超过30倍。

2.6.4 林带宽度

林带宽度以节约占地和保持适当透风程度所需最小宽度或者树的行数确定。在干旱半干旱地区营造4～5行树的林带比较有效而且经济。林带并不是越宽越好，林带过窄则防风效果差，过宽也不一定好。从表2-8可以看出，林带在4～9行树时防风效果较好。

表2-8　不同宽度林带的防风效果

林带宽度(行)	20H内平均防风效率(%)	25H内平均防风效率(%)
2	9.7	9.6
4	39.8	36.7
5	30.3	25.3
9	29.2	24.7
18	21.0	16.4
25	26.7	20.0

注:H为树高。

2.6.5　林带交通口

为了便于拖拉机和各种农机具的运行,在林带长边和短边的交接处应设交通口。一般在主林带的长边,每隔400～500 m处设一宽度为6～7 m的交通口,两条林带交通口的位置要错开,以免形成风洞,林带交叉处的交通口应交错配置。

2.6.6　树种选择与搭配

树种选择适宜与否影响到树木的正常生长发育,树种搭配则影响林带的结构,所以树种的选择和搭配都直接影响农田防护林带的效益。

树种选择要按照"适地适树"的原则,选择最合适当地土壤气候和成林快的树种,还应以枝叶茂密、不串根、干形端直、不易给农作物感染病虫害的树种为主。

在树种搭配上,一条林带只宜采用单一的乔木树种,不宜采用多种乔木树种进行行间、株间混交的搭配方式。因为不同树种的生长速度不同,生长慢的会受到抑制,形成不整齐的断面形状,有的甚至只残留一两行乔木,起不到应有的防护作用。

第 3 章　灌排系统的优化布局

本章主要任务是高标准农田灌排系统的优化布局。研究渠道衬砌和排水沟断面形式对农业生态环境的影响,按照生态农业发展需要,确定合理的渠道衬砌率和沟道断面形式;研究家庭联产承包责任制条件下,农田灌溉排水的特点,制定既满足农田集约化经营,又能适应当前耕种需要的灌排系统(农渠(沟)及以上沟渠)的布置模式。

3.1　问题的提出

土地整理项目的主要目的是增加耕地的数量,改善耕地的质量,提高耕地的产能,灌排工程是实现上述目标的保障条件。受投资规模和土地整理范围的限制,项目区内灌排工程主要限制在田间工程和斗、农渠(沟)级别的渠(沟)及其配套建筑物,涉及骨干渠(沟)较少。因此,高标准农田建设中渠(沟)的建设,主要是在现行骨干渠(沟)建设骨架内的调整与优化。骨干渠(沟)的规划与调整属于灌区规划范畴,不在本书研究之列。

高标准农田项目中灌排系统的布置与优化,主要解决水源、渠(沟)布置、渠(沟)断面形式与衬砌材料选择。根据现场调查和所收集的江苏省及邻近省份的高标准农田规划设计文本资料,按照不同的土地类型区,对水利规划设计存在的主要问题进行了分析。在分析中,更多地考虑区域资源条件及农业生态环境,将农业水土资源和生态环境的可持续发展作为最终目的。

3.1.1　丘陵区水源工程考虑不足

低山丘陵区排水条件较好，一般不存在渍害，水利规划设计的主要问题是解决灌溉水源、渠道输水和防洪问题。由于地势高，加上地面起伏相对较大，项目区水源一般采用塘坝蓄水或提水上山(丘)。对于江苏省而言，大部分山丘区坡度较小、坑塘面积较大、分布零散、数量多而单个坑塘面积较小，养殖意义不大。但江苏省降水量较为丰富，坡地(含梯田)主要种植旱作物，如油菜、小麦、花生等，对灌溉的要求不高，灌溉保证率也较低。如高淳县，灌溉保证率90%的年型，小麦、油菜等旱作物基本不需要灌溉；夏粮作物主要是棉花和玉米、花生等，坡地(含梯田)一般采用塘坝水进行补充灌溉。塘坝以下地区采用自流灌溉，坑塘上部地区主要采用流动机泵进行灌溉。充分利用塘坝能够增加灌溉水资源，如果塘坝按照高度合理布置，还可以减少提水费用，降低灌溉成本。

增加耕地是土地整理的主要目标之一，许多土地整理项目都有明确的新增耕地率要求。为实现该目标，在很多规划中，填埋坑塘是增加耕地的主要来源之一。根据所收集到的资料，江苏省宁镇扬山丘区土地整理项目中，填埋坑塘增加的耕地面积占新增耕地面积的25%~35%。

坑塘面积减小，坡地蓄水能力下降，“闲时补塘，旱时灌溉”的作用基本消失，造成灌溉水源不足。由于坑塘面积的消失，整理后的项目区主要采用提水上山(丘)的方法进行灌溉，而对坑塘的重新规划考虑较少。表面上解决了灌溉问题，但局部地方的灌溉无法保证，而且提水上坡需要修建泵站、管道、输电线路，造价和运行费用较高而设备利用效率较低，增加了农业生产成本。

坑塘具有水土保持的效果，可以通过沉淀减少泥沙下坡，坑塘减少，对水土保持等农田防护的要求也相应提高。

3.1.2 平原区沟塘填埋过多

为了实现新增耕地指标，平原区高标准农田建设项目以填埋沟塘作为增加耕地的主要来源之一。大量沟塘的消失，虽然增加了耕地面积，提高了土地的规整性，但也存在以下问题。

3.1.2.1 影响菜地灌溉和农事操作

除集中连片的蔬菜生产基地外，大部分地区菜地产出主要供农村居民自用，种植面积较小。据已有的高标准农田建设项目统计，菜地占耕地的比例一般为0.5%~4%。与大田作物不同，菜地种植作物的种类多，灌溉频繁且灌水时期一致性较差，灌水定额小，菜地分布较为分散，而现有的灌溉系统主要为大田作物设计，其运行管理一般不专门考虑菜地的灌溉要求，因此依靠现有的灌溉系统，难以对菜地实施有效灌溉。沟塘的填埋造成菜地灌溉不便，给农村居民生活带来了不便。

农药、除草剂的喷施是农业日常管理工作的重要部分。大量的沟塘被填埋后，喷洒用水获取不便，影响农事操作。

3.1.2.2 影响物种多样性

沟塘为生物多样性提供了载体。现有沟塘一般分散于农田低洼地地区，面积不大，大部分不具有养殖功能，野生芦苇、蒲草等水生植物较多，同时沟塘内其他水生动物种类较多，如鱼虾、蛙类、螺蛳等，为鸟类提供了栖息场所和食物供应，是稻田湿地生态的重要组成部分，对维护生物多样性具有重要意义。而沟塘的填埋使原有生态系统的结构和功能遭到破坏，导致生态系统的退化。其直接影响表现为以沟塘为栖息地和觅食地的生物多样性消失和原有景观的破坏。

3.1.2.3 加重区域排涝压力和面源污染

沟塘对提高地区除涝能力，减少区域径流具有重要作用。沟塘具有蓄水能力，正常情况下，沟塘调蓄水深达50~80 cm，能够容纳20~50倍沟塘面积的涝水(对于日雨量为50 mm的暴雨,旱地径流系数一般在0.5左右,水田在0.2左右)。通过沟塘控制排水,可有效减小径流系数,减轻区域排涝压力。此外,通过沟塘对涝水泥沙的沉淀、土壤吸附和硝化、反硝化作用,涝水中氮、磷浓度显著降低,区域面源污染负荷显著下降。根据王艳颖、黄锦珠等的试验,涝水在沟塘滞留3 d,总氮负荷可减少50%以上;总磷负荷可减少80%左右,具有良好的环境效应。

南方地区,部分项目区地势低洼,沟塘是蓄水除涝的有效载体。保持一定的水面率,可以减小排涝模数,降低项目区的排涝泵站装机,是区域防涝的重要措施。根据王士武、张学技等的成果,沿江、苏南及浙江,圩区水面率保持在7%~10%较为合适,而目前平原区高标准农田项目规划中的保留水面率均低于该数值。

3.1.3 灌排工程规划不够合理

3.1.3.1 农渠防渗效果不佳

南方大部分地区地下水位较浅,受到地下水的顶托,渠道渗漏较少。稻作区大多为黏壤土,保水保肥性能好,尤其是在水稻种植期,田间地下水位深,农渠基本没有渗漏损失,农渠防渗既浪费投资又影响生态,效果不佳。

3.1.3.2 盲目缩窄排水沟

对于沿海、沿江的低洼地区,原有的沟道横断面较大,虽然占用了较多的耕地,但保证了沟深和涝水的调蓄容量,若要使其缩窄,填埋沟渠所需要的土源难以保证;若从耕地取土,会降低耕地原有高程,土壤受渍加重。此外,表土的取生保熟在实际操作过程中难以保证,熟土的揭取往往导致耕地质量下降,引起农民不满。

3.1.3.3 重排涝,轻排渍和控盐

南方平原地区地势低洼,地下水位偏高,作物容易受到渍害。沿海地区由于地下水矿化度较高,还容易受到盐碱化威胁。因此,

南方平原区土地整理项目中的排水工程,其重要性在一定程度上超过了灌溉工程。但在农业实践中,由于地面淹水会显著降低作物产量,项目区规划时一般对地面排水较为重视,排水沟道系统规划布置较为完善。但对降渍害和防盐的要求考虑不足。主要体现在农沟的深度不够,难以达到设计要求。

3.1.3.4 配套建筑物布置不够合理

按照一般灌区规划的原则,单个灌排工程控制的面积越大,灌排设计流量越大,单位设计流量的建设和运行成本就越低。因此,在规划设计中,灌排工程都采用集中连片的布置形式,高标准农田建设项目的灌排工程设计也应该遵守这个原则。但现行的土地开发整理项目区,经常涉及多个村组,为了方便用水,在规划设计时往往将渠道和供水的泵站布置得非常零散,造成管理极其不便。如江苏省某平原圩区的一个1 000 hm^2左右的土地整理项目,灌溉泵站多达30座,不仅投资过大,而且管理也有很大困难,同时设备的利用率较低。

3.1.4 生态效应和环境效应考虑不足

渠道自河流引水灌溉农田,是自然河流生态系统的延伸与扩充。灌溉渠系纵横交错于田间,与排水沟道一起组成了农田的水域网络。该水域网络应当具有良好的连通性,可为水生生物提供很好的栖息、迁徙条件,形成了农田水域生态廊道,应是生物活动最为活跃的场所。因此,沟渠系统除基本的输配水功能外,还有运输、自净、泥沙搬运及孕育水中生命的功能,对农田生态系统有着非常重要的作用。但在高标准农田项目中,过分强调衬砌渠道的节地和节水效应,混凝土材料被大量应用。渠道的衬砌,阻断了渠道与土壤的物质与能量交换,破坏了水生生物的栖息环境,渠道原有的湿地效应被削弱,对生态和环境造成了不利影响。

根据对大丰、东台、赣榆等县(市)的现场调查,土地整理过程中,为提高节水效果和输水效率,节约耕地,衬砌渠道被大量应用。衬砌渠道一般采用窄深式断面。斗渠深度一般为 80~150 cm(含超高,下同),上口宽度为 90~200 cm;农渠深度一般为 50~100 cm,上口宽度为 60~120 cm;渠道的边坡系数一般为 0.75~1.0,采用 U 形渠道的更陡,一般小于 0.5。现场调查发现,在口宽超过 100 cm 的混凝土渠道中,均发现有大量成年的青蛙和蟾蜍,表明其难以跨越口宽超过该宽度的渠道。在口宽不足 80 cm、水面距离地面 20 cm 的混凝土 U 形渠道中,发现大量的幼蛙难以逃出,干燥的渠道中也发现了大量死亡的蛙类,表明 U 形渠道具有阻断生物通过的作用。对残存于土渠、混凝土衬砌渠道的灌溉滞水的分析结果表明,土渠中氮、磷污染物浓度相对较低,表明土渠有更好的环境效应。

综合考虑输水和环境要求,选择适宜的衬砌率,并根据生物迁移能力,每隔一定距离设置适当的生物通道,是解决生态和环境问题的有效方式。

3.2　灌溉工程优化布局

灌溉渠道的任务在于把灌溉水源引取的灌溉水量通过各级渠道输送和分配到田间。灌溉渠道一般分为干渠、支渠、斗渠、农渠;排水沟道一般分为干沟、支沟、斗沟、农沟。根据土地开发整理工程的建设规模,项目区内一般只涉及 2~3 级固定渠(沟)道。建设规模较小的项目,一般涉及斗渠(沟)和农渠(沟)2 级;建设规模较大的项目,通常涉及支渠(沟)、斗渠(沟)和农渠(沟)3 级。

各级渠道是高标准农田建设项目的重要组成部分,与其周围的土地组成不可分割的整体。骨干输水工程的布局关系到整个灌溉地区的土地利用规划、灌排效益和工程造价及管理养护等一系列有关全局性的问题。

3.2.1　渠(沟)道的布置原则

(1)渠道应布置在其控制范围内地势较高地带,尽量扩大自流灌溉面积,对面积较小的局部高地宜采用提水灌溉的方式,不必为自流控制小块耕地而抬高渠道渠底的高程,增加土方填方量和工程投资。

(2)排水沟道应布置在其控制范围内地势较低地带,尽量采用自流排水形式,无法自排时才考虑抽水排水形式,以降低工程运行费用。

(3)上下级渠(沟)道宜相互垂直布置,尽可能短顺平直,以减小渠(沟)道长度、占地和工程量,降低投资。此外,渠(沟)道布置应保证工程安全,渠(沟)道沿线地质坚固稳定,透水性弱。

(4)灌溉渠道的位置应参照行政区划确定,并与不同土地经营模式和管理模式相适应。尽可能使较大的用水单位都有独立的用水渠道、灌排泵站,以利于管理。

(5)灌排渠系布置应和土地利用规划(如耕作区、道路、林带、居民点等规划)相配合,尽量少占耕地或不占耕地,以提高土地利用率和工程利用效果,方便生产和生活;上一级渠(沟)道布置应为下一级渠(沟)道的合理规划和其他项目的安排创造更好的条件。

(6)灌溉渠系规划应和排水系统规划结合进行。在多数地区必须有灌有排,末级农沟和农渠必须采用灌排分开的模式。

(7)尽量避免沟、渠、路交叉,以减少交叉建筑物。

(8)根据地形和灌溉水源定位走向,在地形上应使得渠道纵坡比降适中,不致造成渠道的冲刷或泥沙淤积。

3.2.2　渠道的规划布局

渠道的布置形式主要取决于地形条件,渠道位置的选定应以方便供水为原则。

3.2.2.1　丘陵区沟渠规划布局

《中华人民共和国水土保持法》规定,丘陵区土地开发整理项目中,边坡一般不大于25°,以缓坡梯田为主。渠道大多数为2级渠道,即斗渠和农渠。

斗渠基本平行于等高线布置,农渠垂直等高线布置。丘陵区一般地下水位较低,渍、盐害较轻,渠道可结合沟道布置,用于排除地面雨水。由于排水沟兼有防止水土流失的作用,渠道设计须满足水土保持规划设计中的排水要求。

由于丘陵区水源一般较为紧张,且提水成本高,渠道布置应体现"高水高用、低水低用"的原则,尽量利用已有水头,实现高地自流灌溉。

渠(沟道)应尽可能和已有的塘坝沟通,采用"长藤结瓜"式灌溉系统。以水库、塘坝水为水源的项目,在灌水关键期,塘坝可通过水闸向渠道供水,降低对单一水源的依赖程度。在非灌水关键期,可通过渠道提前输水至塘坝,或利用布置于高处的沟道,向塘坝供水,供下游使用。

3.2.2.2　平原区沟渠规划布局

灌排分开是平原区沟渠规划的基本形式,尤其是水源较为紧张或满足自流灌溉要求的地区。由于沟道横断面较大,尤其是沟深较大,采用沟道输水,沟道高水位运行容易产生大量的滞留水量,减小灌溉水利用系数。此外,大的沟道断面一般不采用衬砌处理,输水速度慢,影响农事操作。

对于水网圩区,斗渠及其以上渠道可采用灌排合用,沟道就是引水渠,通过提水进入农渠,但农渠和农沟必须分开。

作为引水渠道的排水沟,横断面较大。排水沟可以承接农田排水,又能接受上级渠道的来水,沟内存水的时间相对较长。由于沟道一般不采用全断面衬砌,可为水生生物提供良好的栖息场所,并能消解部分农田面源污染物,具有较好的环境效应和生态效应,可作为生态用地的一部分。若采用控制排水模式,蓄存部分雨水、回归水量,既可作为灌溉水源,又能提高沟道的生态效应和环境效应,是值得推荐的一种模式。

东部沿海滩涂是我国新增后备资源的重要来源之一。由于淡水资源匮乏,滩涂围垦区高标准农田项目中水利工程建设需更多地考虑蓄水要求。由于滩涂围垦区土地资源相对丰富,对新增耕地的限制较小,加上排盐要求,农沟和斗沟的沟深较大,具有较大的横断面。滩涂围垦区内天然河道、坑塘很少,沟道采用较大的断面可以达到适宜的水面率,用于雨水、回归水积蓄,不仅可提高雨水资源化效率,提高灌排标准,而且可增加湿地面积。

滩涂围垦区的土地通常都是规模化经营,灌排系统的布置应以管理方便、运行高效为原则。无论是自流引水还是提水灌溉,斗渠(沟)以下的灌排系统均应采用灌排分开布置的形式。由于土壤沙性大、结构差,为了保证渠道的稳定性,斗、农渠均应采用固化渠道的形式;沟道坡面应采取混凝土网格、植物护坡或其他生物防护措施,减少沟道淤积。在不能自流排水的斗沟出水口处应设置挡水闸门和排涝泵站,以便控制排水沟水位。

为适应土地集约经营模式,提水泵站的控制规模要适当扩大,以降低建设成本和运营成本。根据各地的管理经验和实际运行效果,灌溉泵站一般以斗渠为控制单元进行建设。公司或农场等统一经营管理的项目区,泵站的控制范围还可扩大到支渠。对于实施联产承包的分散农户,可不单独设置斗渠而利用斗沟引水,采用流动机泵提水进入农田;对于江苏省丰县、沛县等井灌区,可以以单井为控制单元,控制面积一般在 10 hm^2 左右。

3.3　田间排水工程的优化布局

田间排水工程是指末级固定排水沟道(农沟)控制的田块范围内所有田间排水设施的总称。田间排水工程的主要任务在于汇集田间过多的地面或地下水分,向骨干沟道输送,然后排到容泄区,起到调节农田水分状况,改善土壤肥力和改良土壤的作用,为作物创造良好的生长条件。

目前,高标准农田建设项目的田间排水系统主要有明沟排水和暗管排水两种形式。此外,国外还广泛采用明沟与暗管相结合的排水模式。

3.3.1　明沟排水

3.3.1.1　明沟的布置

明沟的断面容易适应排水流量变化的需要,能满足各种类型的田间排水需要,尤其是在排除地表径流方面十分便捷,同时明沟具有施工开挖技术简易、工程投资省等优点。因此,长期以来明沟排水是农田排水的主体。

明沟排水的缺点:一是占用土地多;二是沟坡易坍塌,维修、养护成本高;三是需要桥涵等交叉建筑物多,影响田间农机化作业。

在南方地区,由于降水量大,明沟在及时排除涝水方面有着无法替代的作用,同时明沟系统是农田生态系统的重要组成部分,是农田生物的重要栖息地,所以南方地区的农沟及其以上的排水系统,都应该采用明沟排水。

在水旱轮作区,田间地表水的排除都是以格田为单元的。水稻生长期格田内不需要修建田间临时排水网,农沟直接接纳格田排出的水量;旱作生长期,为了及时排除涝水,通常在格田内加开三沟(竖沟、腰沟和田头沟),竖沟、腰沟的水汇集到田头沟再排到农沟。

在旱作区,为了加快地表水排除速度,除开好田间浅明沟外,在条田中间再加开一些临时排水毛沟,浅明沟的水先汇集到毛沟,再由毛沟排入农沟。

对土质黏重的农田,在旱作生长期为了降渍的需要,通常还采用田间地下暗管排水工程。

3.3.1.2 沟深与间距的优化

为了满足排涝降渍的需要,排水明沟应有一定的深度和密度,排水沟深和间距对提高排水效果、改善机耕效率、减小工程量和减少工程占地有重要的意义。土地开发整理工程中,农沟的规划设计对排水效果、土地占用影响最大。

1.除涝农沟沟深和间距的确定

当项目区地下水位较浅、没有渍害时,农沟只起排涝作用,沟深视排水流量而定,一般为0.6~1.0 m,间距一般为100~200 m,农沟断面尺寸可由排涝设计流量根据明渠均匀流公式确定。但按照流量设计的沟道断面偏小,一般按照沟道(边坡)稳定和施工要求(底宽)设计。

2.降渍农沟沟深和间距的确定

有降渍要求的排水农沟深度和间距与作物生长要求的地下水位控制指标密切相关。在地下水位控制指标一定的情况下,农沟沟深越大,其间距越大;沟深越小,其间距就越小。因此,作物生长要求的地下水控制指标,是排水农沟沟深与间距确定的重要依据。

1)不同地下水位与土壤水、气比的关系

水与土壤生态关系密切,水分对土壤的气、热、肥等因素有重要的调控作用。根据江苏省的试验资料,旱作物的根系层土壤孔隙中,水和气的适宜比例关系是7:3~6:4,相当于田间持水量的65%~90%。地下水位直接影响土壤水、气的比例关系,地下水位浅,在上升毛管水的影响下,作物根系层土壤含水量过高,土壤水、气比例失调，容易形成渍害，影响作物生长。南京水利科学研究院和昆山农田水利试验站协作研究测定，轻壤土、中壤土、重壤土的毛管水饱和区高度达到30~60 cm，其强烈毛管水上升高度内的水分已达到土壤孔隙率的80%以上。

2）地下水位与土壤含水量的关系

保持作物出苗及各生育期的土壤适宜含水量是夺取高产的关键措施之一。根据射阳水利试验站测验资料，田间土壤含水量随田间地下水位增加而减小。在不同地下水位情况下，0~40 cm 土层的土壤含水量情况如表3-1所示。说明地下水位深，土壤耕作层含水量都高，在地下水位小于1.08 m内，土壤含水量都超过82.6%（占孔隙率），嫌过湿。

表3-1　不同地下水位0~40 cm土层的土壤含水量情况（江苏射阳）

地下水位(m)	0.46	0.85	1.08	1.30	1.50	1.65
0~40 cm 土壤含水量（占孔隙率，%）	91.2	85.7	82.6	73.9	73.8	71.2

3）地下水位与作物根系的关系

作物根系活动层的深度受地下水位的影响明显。据东台垦区对麦田的实地观测，排水条件好、地下水位浅的，株高90 cm，主根深125 cm，根须集中在26 cm深处，主须根均为白色；而排水条件差、地下水位深的，根须集中层在17 cm深处，横长不下扎，接近地下水的根系发黑。

根据昆山农田排灌研究所测试资料，不同地下水位与小麦根系的关系见表3-2；根据射阳水利试验站测试资料，不同地下水位与棉花根系的关系见表3-3。由以上资料可以看出，作物初生根下扎深度和根系密集层深度均随地下水位的增加而增大。长的根系更容易吸收深层的土壤水，以利于后期抵抗一定的干旱胁迫。

表 3-2　不同地下水位与小麦根系的关系(江苏昆山)

地下水位(m)	0.40	0.60	0.80	1.00	1.24
平均根下扎深度(cm)	52	77	100	112	125
根系密集层深度(cm)	31	36	45	45	53

表 3-3　不同地下水位与棉花根系的关系(江苏射阳)

地下水位(m)	0.96	1.30	1.69	1.70	2.00
主根长度(m)	0.88	1.16	1.50	1.45	1.82
根质量(g/株)	13.7	14.7	17.4	19.7	

4)地下水位与作物地上植株生长的关系

根据昆山农田排灌研究所测定,不同地下水位情况下地上植株生长情况见表 3-4。由于地下水位深,根量多,活力强,吸收养分多,导致叶面积指数高,绿叶数多,有效穗和粒数多,是高产的基础,根深叶茂促高产。地下水位深浅影响到土壤湿度大小,对小麦的发病率也有一定影响。根据昆山农田排灌研究所测定,不同地下水位与赤霉病发病率的关系见表 3-5。从表 3-5 可以看出,地下水位深,赤霉病发病率低,有利于高产稳产。

表 3-4　不同地下水位情况下地上植株生长情况(江苏昆山)

地下水位(m)	孕穗期叶面积指数	乳熟后期绿叶数(张/株)	有效穗数(万穗/hm^2)	实粒数(粒/穗)
0.4	5.12	1.23	417.0	26.3
0.6	5.39	1.51	430.5	28.1
0.8	6.18	1.65	451.5	29.3
1.0	6.33	1.66	456.0	29.4

表 3-5　不同地下水位与赤霉病发病率的关系(江苏昆山)

地下水位(m)	0.40	0.60	0.80	1.00
赤霉病发病率(%)	10.1	8.1	5.6	4.8

5)地下水位与作物产量的关系

地下水位与作物产量的关系密切。根据建湖县试验站对麦田进行对比试验,发现地下水位降到 1 m 的与降到 0.5 m 以内的相比较,千粒重增加 1.1 g,每公顷增产 915 kg,见表 3-6。

表 3-6　小麦适宜土壤含水量试验及产量、相应地下水位统计(建湖县)

土壤含水量(%)	幅度	15~17	17~19	19~20	20~24	24~27
	平均值	16	18	19.5	22.0	25.2
小麦产量(kg/hm^2)		3 343.5	5 155.5	5 935.5	6 594	6 139.5
相应地下水位(m)		2.17	1.70	1.46	1.10	0.70

江苏省苏州地区对春季地下水位与三麦产量的关系进行了一系列调查研究,从所得资料发现,地下水位长期在 0.2 m 以内时,麦类作物颗粒无收;地下水位从 0.2 m 降到 0.5 m,每公顷可产 1 500 kg 左右;从 0.5 m 降到 0.8 m 可增产 750 kg;从 0.8 m 降到 1.2 m 可增产 450 kg 左右;从 1.2 m 降到 1.5 m 时,增产效果不明显,因此 1.2 m 的地下水位可作为苏州地区麦类防渍的控制标准。根据射阳水利试验站测试资料,小麦适宜地下水位以 1.0 m 左右为好。根据周义珏在江苏里下河地区的排水试验资料,对于重壤土和轻黏土类,适宜地下水位指标为 0.6~0.8 m。

地下水位对棉花产量的影响也十分明显。滨海垦区棉花试验结果表明,以地下水位 0.6 m 为基础,地下水位为 0.8 m,平均增产 50%;地下水位为 1.0 m,平均增产 90%;地下水位为 1.2 m,平均增产 130%;地下水位为 1.4 m,平均增产 170%。根据射阳水利试验站测试资料，将地下水位与棉花成铃数及产量的关系列于表 3-7。

表 3-7 地下水位与棉花成铃数及产量的关系（江苏射阳）

地下水位（m）	0.96	1.30	1.69	1.70
棉花成铃数（个/株）	9.3	9.5	9.9	10.8
产量（kg/hm^2）	1 047.0	1 069.5	1 114.5	1 215.0

江苏南通地区油菜的试验结果（2000～2004 年）表明，油菜在地下水位为 0.6～0.9 m 时产量较高，增加至 1.5 m 时，产量虽有增加，但幅度较小，而排水沟的密度和占地面积将大幅度增加；程伦国等的试验结果表明，油菜的适宜地下水位为 0.7～1.0 m。

据江苏省调查统计，麦类受渍的概率在 30%以上，棉花受渍的概率在 40%左右。徐俊仁对江苏省近 10 年来的大量试验资料进行了分析，并与国内外其他地区的研究成果进行了比较，认为对于苏南地区（旱作物主要是油菜、小麦等），地下水位控制在地面 0.8 m 以下时，可以基本防止作物的渍害发生，技术经济指标较优。控制地下水位过深，则增加工程量和占地面积，且可能造成地块过于破碎。此外，对于江苏省地区，地下水是作物需水量的重要来源之一。地下水位过深，由于毛管水上升高度有限，作物难以有效利用下层水分，会增加对灌溉水的需求，从而导致灌溉用水量的增加，提高农业生产成本。

综上所述，地下水位的控制必须综合考虑产量、耕地面积和投资三方面的因素。在满足排渍、防盐、蓄水的要求下，尽量将地下水位控制在较高的水平，以减少工程投资和土地占用。

3.排水农沟深度的确定

排水农沟的深度可按下式确定：

$$D = \Delta H + \Delta h + S \tag{3-1}$$

式中：ΔH 为作物要求的地下水位，m；Δh 为当两沟之间的中心点

地下水位降至 ΔH 时,地下水位与沟水位之差,m; S 为排水农沟中的水深,m。

根据江苏省多年多点试验资料统计分析,麦田、棉田不同生育阶段适宜的地下水位见表 3-8、表 3-9。

表 3-8　江苏省麦田不同生育阶段适宜的地下水位

生育阶段	播种出苗期	分蘖越冬期	返青期	拔节至成熟期
适宜地下水位(m)	0.5	0.6~0.8	0.8~1.0	1.0~1.2

表 3-9　江苏省棉田不同生育阶段适宜的地下水位

生育阶段	苗期	蕾期	花铃期	吐絮期
适宜地下水位(m)	0.5~0.8	1.2~1.4	1.4	1.4

由以上作物生长适宜的地下水位资料和排水农沟深度的确定方法可知,江苏省大部分平原区,当旱作物种植以小麦为主时,农沟深度需控制在 1.2~1.5 m;当旱作物以棉花为主时,农沟深度需控制在 1.5~1.6 m。

对盐碱程度较高的地区来说,降低地下水位,排除高矿化度地下水是防治土地盐碱化和土壤利用的关键。所以,盐碱化地区的田间排水工程必须具有控制地下水位和使因某种因素上升的地下水位迅速回降的效能,使地下水位经常维持在不致引起土壤发生盐碱化的深度以下,即地下水临界深度以下。南方地区的盐渍化农田主要分布在沿海滩涂地区,旱作物种植以小麦为主时,农沟深度需控制在 1.5~1.7 m;旱作物以棉花为主时,农沟深度需控制在 1.7~1.8 m。

4.排水农沟间距的确定

从排水效果来看,在深度一定的条件下,农沟间距越小,排水效能越好,但这样势必把田块分割得过小、占地过多,工程量较大,且不利于机械化操作;反之,如果排水农沟间距过大,则排水效果差,难以达到保证作物正常生长的除涝排水要求。因此,合理确定排水沟的间距是可持续土地开发整理模式下排水系统优化布局的重要内容。

由于影响田间排水沟间距的因素较为复杂,所以排水农沟间距的确定大都采用生产实践经验结合公式计算的方法分析确定,根据经验,在排水农沟深度一定的条件下,排水农沟间距主要取决于土壤类型,土质黏重时,透水性差,间距可小些,反之则大些。江苏省各地排水农沟间距和深度可参见《江苏省土地开发整理建设标准》,具体见表 3-10。

表 3-10 江苏省各地排水农沟间距和深度 (单位:m)

工程类型区	深度	间距
低山丘陵区	0.8~1.2	100~200
黄泛平原区	1.2~1.4	160~200
冲积缓斜平原区	1.2~1.4	80~120
脱盐平原区	1.3~1.5	80~120
盐化平原区	1.5~1.8	60~100
高沙平原区	1.2~1.4	120~160
沿江平原区	1.3~1.5	80~120
河谷冲积平原区	1.3~1.5	80~120
水网圩田平原区	1.2~1.4	60~120

3.3.2 暗管排水

3.3.2.1 暗管排水的特点及适应性

与明沟排水相比,暗管排水可以做到间距小,因而地下水位下降速度快,有明显的降渍脱盐效果,有利于作物增产。此外,暗管埋在地下,不需要占用耕地,节地效果显著,尤其适于新增耕地率不足的开发整理项目;而且暗管排水有利于田间交通和农机作业,便于机械化施工,可以节省大量养护清淤的劳力和费用。

研究表明,暗管排水速度快,降渍效果好,并可影响根系分布,较明沟排水更能促进根系下扎,有助于作物抗倒伏和产量提高。对于设施农业或者具有较好排水要求的经济作物更为有利。周明耀等在江苏省响水县滨海盐土对暗管排水系统不同布置形式的排盐改土的技术效果进行了研究,结果表明,塑料暗管排水系统对于农田土壤的脱盐改土的效果比较明显。暗管排水试验前,试验区全盐含量平均为4‰,个别测点高达6‰,经过3年的暗管排水改土试验,1993年稻收以后,暗管排水试验区平均全盐含量已降到0.8‰, 1994年达到0.5‰,1 m土层范围内的含盐量基本达到1‰的要求,即3年就将原来的中盐土改造成为轻盐土,5年后则可以为作物生长提供较为适宜的土壤条件。无暗管排水的对照区土壤含盐量也有所降低,但尚不能满足作物生长所需的适宜含盐量要求,说明对于种植水稻来说,明沟排水改土的过程明显比暗管排水区迟缓。

虽然暗管排水有明显的降渍脱盐效果,并且能提高土地整理工程的新增耕地率,但因其各种管材需用量大,一次投资费用较高,对施工技术要求较高,管道一旦淤塞或损坏,清淤或维修较困难的缺点,对其大面积推广有一定的制约作用。

综上所述,暗管排水适用于以下地区:经济条件较好,用地紧张地区;对地下水控制要求较高的高效作物区;对于新垦的沿海滩涂,土壤脱盐要求较高的地区。

3.3.2.2 暗管排水的适宜模式

1.与排水农沟相结合的模式

20世纪70年代以来,国内外就暗管排水降渍脱盐技术进行了系统、深入的试验研究，一致表明暗管排水对降低和控制农田地下水位、脱盐降渍具有十分显著的效果，且暗管降渍排盐效果优于明沟排水，但它对农田排涝效果不佳，尤其是雨后入渗速度较小的土壤黏性较重的地区，排涝效果较差。

邵孝侯等对沿海滩涂围垦区 11 种排渍脱盐排水方式的效果进行了对比试验，试验结果表明，暗管结合明沟的排渍脱盐效果是最佳的。因此，在田间兴建暗管排水工程、加强地下排水的同时，仍要合理设计地表排水系统，做到明排和暗排结合，除涝、降渍兼顾。

在土地整理工程中，很多灌区的排水沟在布置上存在一定的问题，主要是农沟间距过大，造成排水效果差，难以达到保证作物正常生长的除涝降渍要求。为了不破坏灌区现有的排水农沟，不进行大规模的填老沟、挖新沟的工作，可采用以下明沟和暗管相结合的布置形式。利用现有间距较大的农沟，结合田间排水明沟系统，排除田面的涝水；而在条田内部垂直农沟方向，每隔一定间距布置一定深度的暗管，主要用于排除田间渍水。田间的涝水主要通过田间三套沟排到农沟，再由农沟汇入骨干排水沟道。田间渍水主要通过地下暗管汇入农沟，再由农沟汇入骨干排水沟道。这样既满足了田间排涝要求，又满足了田间降渍要求。

2.暗管+浅沟的排水形式

国内暗管与排水沟的结合，其排渍脱盐效果仍然受到农沟深度的限制。对于高标准农田项目，农沟已经形成，在缺少足够土方填埋，或者对土地数量要求不是非常迫切的地区，上述模式是合适的。但对于新垦地区，农沟虽然承担地面排水功能，但其横断面主要由沟深和边坡稳定性确定，其过流能力远高于设计排涝、排渍能力，造成大量土地占用。如江苏省沿海地区，由于土壤砂性强，且有排渍、防盐要求，沟深大、边坡较缓，农沟口宽一般在 5 m 以上，而农沟间距不足百米，土地占用较大。在黏土区，虽然口宽较小，但为了降渍，农沟间距较小，仍然占用了大量耕地。

针对上述问题，结合欧美一些发达国家的经验，本书提出一种浅沟+暗管的排水模式，即田间地面排水由明沟承担，最后汇集到浅沟，浅沟深度为 0.5~0.6 m、宽度为 2~3 m，间距与现有农沟间距类似。垂直于浅沟方向埋设排水暗管（支管），并由埋设于浅沟下的集水管（干管）收集，最后排入斗沟。

该模式的优点主要是：与农沟相比，浅沟仅承担排涝任务，深度小，边坡可以较陡，占地一般只有常规农沟的 50%，工程量约为常规沟道的 25%，而且由于深度小，沟道不易坍塌。即使部分坍塌，对排涝的影响相对较小，维护工程量小。对于旱作区，由于沟道较浅，且底宽较大，可以种植作物，部分作为耕地使用。大部分年份沟内淹水时间不长，作物仍可获得一定产量。与常规排水农沟布置相比，耕地率一般能增加 1%~2%，节地效果良好。该模式的主要缺点是管道工程造价高，一次性投入大。

3.3.2.3 暗管埋深与间距

暗管的埋深与间距主要取决于农田控制地下水位的要求，防渍地区暗管埋深主要根据作物要求的适宜地下水位的最大值确定，防治盐碱化地区暗管埋深主要根据地下水临界深度进行确定。

根据上海市农业科学院土壤肥料研究所杨金楼的研究，小麦、棉花、油菜、玉米等旱作物及番茄等蔬菜的稳产高产，必须将地下水位始终降至 0.8 m 以下，这就要求暗管埋深平均在 1.0 m 左右，并保持 1‰~3‰的坡降，才能在雨后 3 d 将地下水位降至 0.8 m 以下。

张展羽等对射阳县滩涂盐碱地治理工程试验研究表明，当地暗管工程采用以下技术参数时：埋深 1.0 m、间距 12 m、坡降 1/500、管径 5 cm、冲洗定额 32 cm，工程达到了预期的排水洗盐效果，设计成果是合理的。周明耀等认为，滨海盐土新垦区为加速土壤脱盐，加快土壤改良的进程，塑料暗管排水系统的适宜布置模式为间距 15 m、埋深 1.1 m，采用纤维丝外包材料。在耕作多年的老垦区，耕层土壤含盐量已基本满足作物生长的要求，为控制土壤返盐，可以加大暗管埋设深度，增加暗管布设间距，降低暗管排水工程投资，使该项技术更具推广应用价值。

在缺少试验资料的地区，暗管排水中吸水管埋深和间距可参考表 3-11 选定。

表 3-11 暗管排水中吸水管埋深和间距 （单位：m）

吸水管埋深	吸水管间距		
	黏土、重壤土	中壤土	轻壤土、沙壤土
0.8～1.3	10～20	20～30	30～50
1.3～1.5	20～30	30～50	50～70
1.5～1.8	30～50	50～70	70～100

3.4 沟渠防护结构的适宜形式

3.4.1 沟渠系统的生态与环境功能

人工沟渠是自然河流生态系统的延伸与扩充。灌溉渠系分为干、支、斗、农四级，纵横交错于田间，与排水沟道一起组成了农田的水域网络。该水域网络有良好的连通性，为水生生物提供了很好的栖息、迁徙条件，形成了农田水域生态廊道。而农田水域生态廊道除为水生生物提供通道外，因其与陆域紧邻，也是水陆域生物的缓冲带，是生物活动最为活跃的场所，沟渠系统除有基本的输配水功能外，还有运输、自净、泥沙搬运及孕育水中生命的功能，因此渠道对农田生态系统有着非常重要的作用。主要有以下五个方面：

（1）蕴藏丰富的生物资源。灌排渠系中蕴藏着丰富的生物资源，其中植物种类有水生植物和陆生植物，动物种类主要有浮游动物、脊椎动物、软体动物、节肢动物、海绵动物等。

（2）提供众多生物的生态空间。排水沟道由于长时间存水，在常年运行中，有高低水位变化所形成的干湿交替区，存在着丰富多样的生物物种，如萤火虫、鸟、鱼及青蛙等，都能在沟道内及其周边筑巢产卵。沟道的水流形态多样化，如蜿蜒、深潭、浅滩等，水流与岸坡或渠底间，自然形成地下水出流和地表水入渗的环境，其水质、水量的交换营造了众多生物的生态空间。

（3）提供了完整的食物链。从食物链的角度来说，石头上的青苔、渠道的水草及河畔的枯木、落叶均是微生物很好的有机养分。同时，微生物、菌类是昆虫的食物，昆虫又是鱼虾、两栖类等生物的食物，鱼虾、两栖类又是水鸟、飞鹰的食物。因此，对居住在沟渠中的所有生物来说，沟渠是不可缺少的维持生命的体系。

（4）涵养地下水。排水沟道由于常年有水，部分水渗透至地下，可涵养地下水。

（5）净化水质。沟渠在满足农业用水需求的情况下，保持沟渠水与地下水的连通性，有利于地表水与地下水的相互转化。连通性良好的沟渠，经过物理、化学、生物的作用，可达到净化水体的功效。沟渠中有很多微生物能够分解水中的有机质，在灌溉水质普遍超标的情况下，沟渠中的植物能够吸收、吸附部分养分，控制水华等富营养化的发生；沟渠中的动物通过食物链的富集及呼吸道、皮肤等器官，也可吸收部分养分，从而改善灌溉排水水质的安全性。

当渠道被混凝土衬砌，或者作为单一输水渠道（尤其是提水灌区的渠道，只有在灌溉季节有水，其他时间可能是干枯的，或者积水深度过小）时，渠道的生态功能基本丧失。

3.4.2 渠道防渗技术

3.4.2.1 渠道防渗及其对生态的影响

1.传统混凝土防渗渠道的结构形式

根据调研,南方地区的高标准农田项目中,有80%以上的防渗渠道是采用混凝土防渗的。其优点是:防渗效果好,一般能减少渗漏损失60%~70%;糙率小,可减少沿程水头损失,允许流速大,且经久耐用,寿命可达20年以上;具有良好的模塑性,可根据设计要求制成各种形式和不同大小的结构形式;适用于各种地形和运行条件的大、中、小型渠道。其缺点是:适应变形的能力差;在缺乏砂石料的地区,造价较高;渠道内壁光滑且无孔隙,一般生物难以生存,尤其是垂直壁道式混凝土渠,更难有生物在渠道内存活,所以传统混凝土渠道基本不具有生态保护功能。但在水资源短缺、高提水灌区或者土壤渗漏很大的砂土地区,必须保证较高的灌溉水利用系数,传统混凝土衬砌仍不失为一种选择。

混凝土防渗有现场浇筑和预制装配两种施工方式。现场浇筑整体性好、分缝少、防渗效果好,造价低、使用寿命长,在江苏省呈加速发展趋势。但受施工现场条件限制、质量难控制,尤其是在已成土渠上防渗,因施工时间短、渠基不能很快干燥,较难被采用。预制装配可工厂化生产,质量可靠,局部损坏易于修复,受气候条件影响小,可缩短工期,在老渠道上施工可减少施工与引水的矛盾,在末级渠道改造中应用最为普遍,但预制接缝多,防渗效果一般,在运输中易于损坏。

2.渠道防渗对农田生态的影响

目前,高标准农田项目中渠道改造单纯从提高供水效率出发,基于输水效率、护岸稳定及节省土地等方面考虑,偏重于提高灌溉水利用系数,使渠道笔直化、断面单一化、渠床硬质化。根据江苏省已有高标准农田建设项目调查,目前渠道防渗结构主要采用混凝土防渗、砌石防渗、复合式防渗和黏壤土压实防渗四种结构形式。上述防渗结构形式的选取,主要从地形、土壤性质、当地材料、防渗效果和防渗投资等方面,考虑减少渗漏损失和保证渠道稳定安全,而没有从生态角度来考虑结构形式的选择,忽略了渠道的生态功能,造成陆生、水生动植物栖息空间丧失,破坏了渠道动植物正常栖息与繁衍的环境,导致农田生态系统退化、生物多样性大大降低。主要表现在以下几个方面:

(1)防渗渠道割裂了渠道与农田的连通性,阻碍了渠道与陆地、地下水的物质、能量交换,导致水温上升,影响水生动植物正常生长;衬砌和防护导致沟渠边坡、浅滩和底部植物生长困难,对水质的净化效果降低,使得水质恶化,破坏渠道动物的栖息、繁衍环境等。

(2)阻断生物迁移,并可能造成人畜安全隐患。为节省土地,部分渠道边坡坡比过大或建设成笔直形状(如 U 形渠道和矩形渠道),造成渠道内外物种迁徙困难,甚至对不慎跌入渠道内的居民,尤其是儿童,构成威胁。

(3)对地下水的补给减少。对于大量开采地下水的井灌区来说,不仅导致机井提水难度和成本加大,而且导致机井报废。在缺少其他地下水补给途径的地区,地下水因失去涵养而趋于枯竭,将会降低灌区自身抵御旱灾的能力,影响灌溉农业的可持续发展。此外,由于切断了补给途径,有可能影响沿渠两侧生态用水,导致沿线居民手压井取水困难。

3.4.2.2　生态防渗渠道的结构形式

国外很多国家已在反思传统渠道建设对生态环境的影响,实施将渠道回归自然的改造,并取得了良好的效果。如日本高度重视河流生态环境的可持续发展,提出了与自然共生的河流整治理念,在保证安全的条件下,采取了适当增加岸坡工程的孔隙度、降低岸坡的坡比及实施岸坡的生态保护等措施,并尽量减少混凝土的用量，尽可能采用砌石等天然材料，在保证渠道岸坡稳定的同时留有一定的孔隙空间，以利于植物生长。通过植物的吸收、富集等作用净化水体，维持渠道生态环境。

近年来，我国关于渠道生态构建方面的研究和应用已经展开，对一些灌区的渠道也进行了生态工程的尝试。吴明衍、陈献于1993年提出了灌排渠道设置亲水、景观空间的观点；赖平雄、陈献等探讨了不同渠道形态的自然生态功能，提出应当通过适宜的衬砌、防护材料选择，构建生态沟渠的理念，并强调了微生物、水生植物等对水质的净化作用及河流的底质对动植物生长以及河流自净能力的影响。因此，沟渠的规划设计，除满足灌排要求外，还应满足水域生态系统完整性、依存性的要求，实现人与自然的和谐。这种和谐的实现，主要通过完善沟渠衬砌防护的结构、材料和适宜断面形式来实现。

1.传统混凝土防渗渠道的改进结构形式

目前虽然出现了生态混凝土，但仍未大批量生产和应用。即使在经济发达的日本等国家，虽然主张就地取材，使用更符合生态需要的材料，但受限于施工地天然材料的不足，也有不少案例使用混凝土材料，并非完全排斥混凝土材料。

因混凝土渠道无法像自然河流一样采用多样性的生态保护，所以从生态角度考虑，只能从衬砌结构、混凝土材料施工方法等角度对现有的混凝土渠道设计进行改进，以营造多空隙空间的环境，提供水生昆虫等动物栖息、藏匿的场所。按照上述原则，具体改进措施可有如下几种形式。

1）侧壁设PVC管

在渠道侧壁设置PVC管（可用竹子等材料替代），可以让小鱼等动物躲藏，若渠道两侧土地够宽，可延伸PVC管，使其穿过混凝土侧壁（注意PVC管的止水），营造更大的生活空间，并可在其内部置放小石头，提供多样化的生活环境（见图3-1、图3-2）。

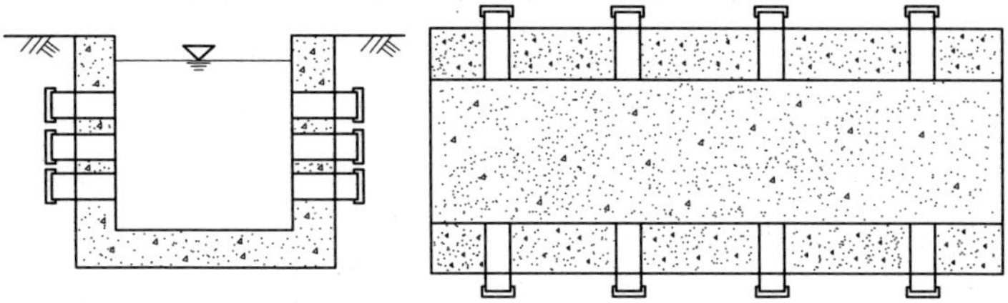

图 3-1　PVC 管延伸到混凝土渠道外

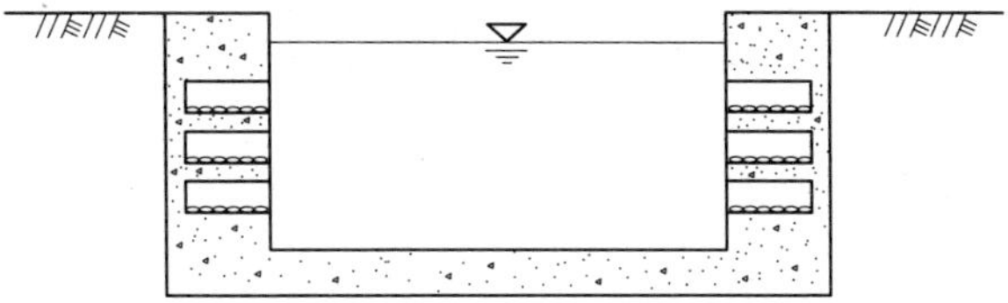

图 3-2　PVC 管设在混凝土渠道内

2) 渠坡铺设混凝土空心砖

渠道侧壁铺设空心砖易于施工及维护管理，也能提供小动物栖息的场所，且空心砖为混凝土材料，容易获得，见图 3-3。

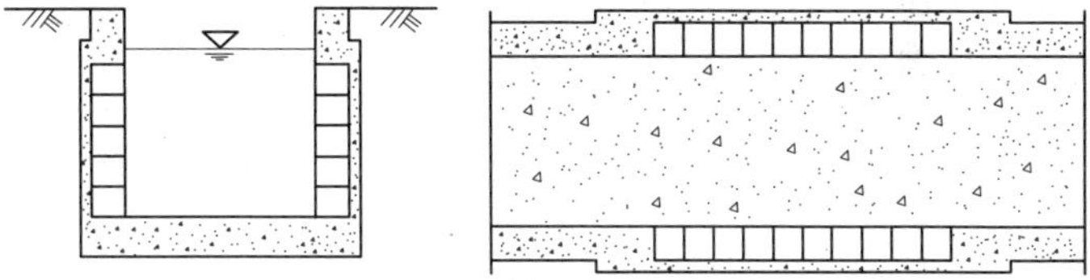

图 3-3　渠道侧壁设置空心砖

渠道坡面较缓时，也可采用六角形空心预制混凝土加植被的建设方法，即在渠道坡面基底铺设复合土工布，其上铺设 10 cm 厚的土质垫层，密实、平整坡面后，在坡上铺设 500 mm×300 mm×80 mm 的六角形空心预制混凝土，铺完后洒土填满预制块空心部分，然后在空心位置撒播草种，既有效地保护了岸坡的稳定性，又保持了地表水与土壤间物质流通的通畅性,同时为生物的生存营造了良好的栖息环境。渠道在输水过程中,一定流速的水流会对坡脚产生一定强度的冲刷,引起六角形空心预制块的下滑,从而导致岸坡崩塌,所以应加强对坡脚的防护。坡脚的防护主要采用混凝土浇筑的方法,如图 3-4 所示。

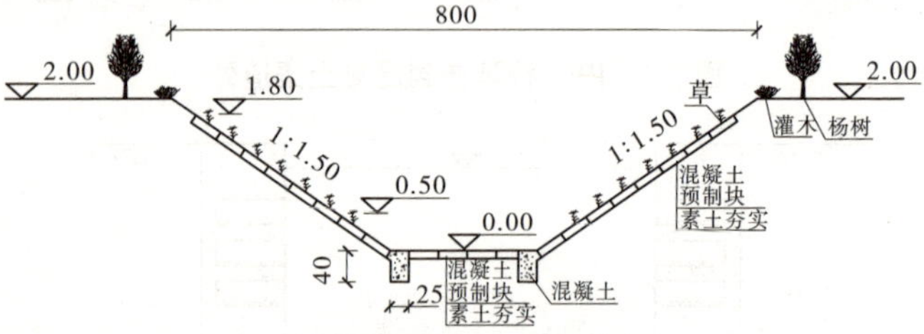

图 3-4　坡脚防护　(单位:cm)

3) 侧壁设凹洞

在原有的混凝土渠道设置各种不同大小、类似鱼巢的凹洞,回填石砾与土壤,为植物生长提供条件,并有多样化的多孔洞空间为昆虫及两栖动物栖息与藏匿提供了环境,或者在其内部铺设卵石可便于水生昆虫栖息,而在孔洞间有相通的管道,可使物质、能量由孔洞的串联而充分扩散流动,见图 3-5。

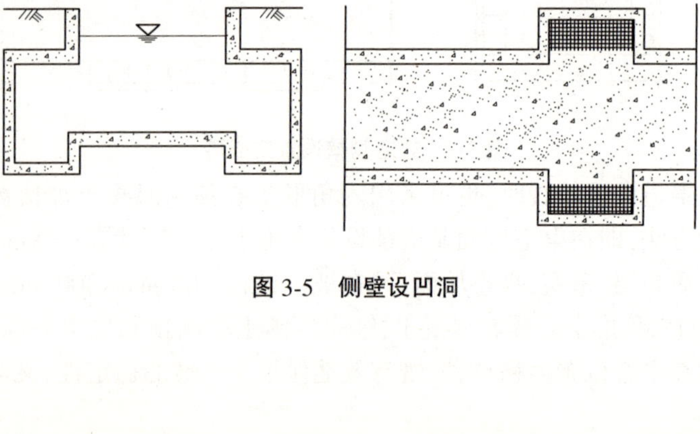

图 3-5　侧壁设凹洞

4)空心预制混凝土块

空心预制混凝土块具有良好的力学性能,可增加不稳定坡面的整体性,对渠坡起锚固作用,增加抗滑力矩,为绿化创造有利条件;预制块中间的土壤要素为植物生长提供条件,进而为动物营造栖息环境。植物、渠坡、预制块连成一体,提高了边坡的稳定性。此种结构形式一般用于比较大型的骨干渠道。

2.生态混凝土防渗渠道

生态混凝土是指通过材料筛选、添加功能性添加剂、采用特殊工艺制造出来的具有特殊结构与功能,能减少环境负荷,提高与生态环境协调性好的混凝土。生态混凝土是能够适应动植物生长,对调节生态平衡,美化环境景观,实现人类与自然的协调具有积极作用的混凝土材料。

生态混凝土内有很多孔隙,利用多孔混凝土孔隙部位的透气、透水等性能,渗透植物所需营养,生长植物根系这一特点来种植小草等植物,用于骨干渠道岸坡的绿化。施工时,只要在混凝土块的孔隙中填充腐殖土、种子、缓释肥料、保水剂等混合料,草籽就可生根、发芽,并穿透到土壤中生长。同时,利用其多孔、透水透气性好,可使微生物及小动物在其凹凸不平的表面或连续孔隙内生息,通过相互作用或共生作用,形成食物链,保持了生物的多样性,具有显著的生态效应。

因此,渠道的护岸部分采用生态混凝土护坡方式,不但可以提升农村生活环境质量并改善生态环境,保持生物物种多样性,而且可以创造亲水空间及景观,增加农村的美观并利于农村的可持续发展。

1)生态混凝土衬砌的一般形式

生态混凝土衬砌的一般形式如图3-6所示,在设计水位以下用混凝土衬砌,在设计水位以上用生态混凝土衬砌。

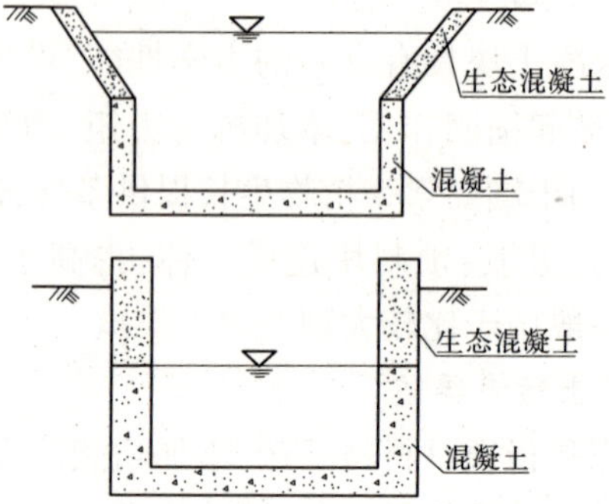

图 3-6　生态混凝土衬砌的一般形式

2) 有亲水空间的生态混凝土改进结构形式

在较大的骨干渠道,用生态混凝土缓坡护岸可减少使用不透水铺面,增加透水性且有利于植物生长,使水域与陆域空间的生态交错区范围增加,提供休憩及亲水活动平台,营造绿色生活空间,提高农村生活品质,如图 3-7 所示。

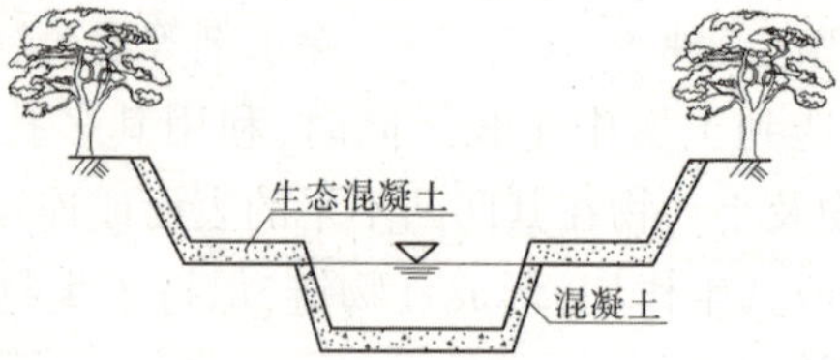

图 3-7　亲水空间的生态混凝土改进结构形式

3) 生态混凝土块衬砌结构形式

可先将生态混凝土预铸成型,然后以堆叠方式施工,不但施工方便,起到稳定渠道岸坡的效果,而且较符合多孔隙空间的环境,可提供水草生长环境及小动物栖息场所,让农田灌溉渠道更具有生态功能,如图 3-8 所示。

3.4.2.3　砌石衬砌渠道

砌石衬砌渠道的石料有卵石、块石、条石、石板等,砌筑方法有

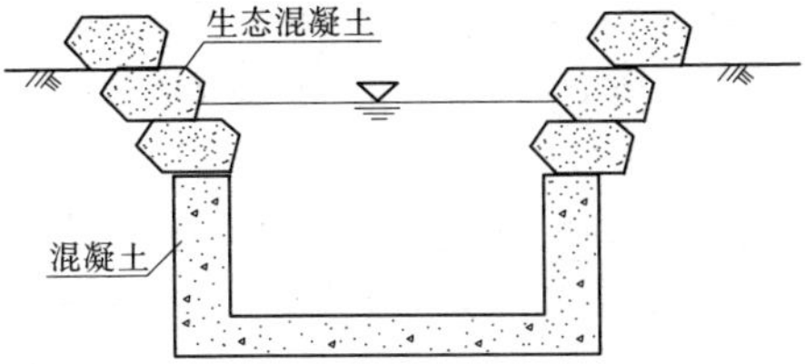

图3-8　生态混凝土块衬砌结构形式

干砌和浆砌两种。砌石衬砌渠道的优点是：在沿山渠道和石料丰富的地区可就地取材；具有较强的稳定性和抗冲刷能力，使用年限长；墙体厚，保温好，可减少大部分的冻胀量，具有一定的防渗效果。其缺点是：砌石防渗不宜采用机械化施工，施工质量较难控制；衬砌断面大，砌筑工作量大，材料使用多，对砌筑技术的要求较高，因此以前只有在石料丰富的低山丘陵区，有抗冲刷要求的渠道上才考虑采用。

砌石衬砌渠道还有一个优点，就是利用石块间隙增加渠道内孔隙空间，促进陆域、水域栖息地的连通性，并承受渠道水流对岸坡的冲刷，创造生物的藏匿空间，增加动植物多样化的栖息环境，促进生物物种多样性。因此，考虑生态渠道的建设，只要在有石材且造价不是很高的情况下都可以采用砌石衬砌。尤其是对于斗渠及其以上的大型渠道，或者是需要防护的沟道，在材料允许的情况下，推荐使用砌石防护、防渗。

1.干砌石渠道

因砌石间有孔隙，土壤可填充于孔隙间，提供植物生长的平台，进而为微生物提供天然饵料，与鱼虾、水鸟等构成完整的食物链。砌石表面凹凸不平，各种生物幼虫有其栖息场所，在渠道灌溉季节避免被冲走，因此干砌石有着优良的维护渠道生态的功能。又因砌石间有孔隙，保持了渠道水体和地下水的连通性，对涵养地下水及防护岸坡因土壤饱和而滑动，具有非常优良的效果。其缺点是糙率大，渗漏较多，适于水资源较丰富且渠道渗漏不强的地区。如浙江省的山丘区、江苏省宁镇扬丘陵区等。

2.浆砌石渠道

砌石间以混凝土勾缝，渠道表面粗糙，因为缺乏土壤，仅能生长苔藓等植物，对微生物的天然饵料供应方面有所不足，但因其表面的凹凸可提供生物栖息的空间，所以有保护鱼、虾的功能。浆砌石渠道在强度方面高于干砌石渠道，且具有良好的防渗功能，因此可在石材丰富、水资源紧缺地区应用。

3.砌石和混凝土混合衬砌形式

把石块堆砌于坡面，背后用混凝土固定，石块缝隙间可栽种植物，如图 3-9 所示。或在石块上再覆土种植物，如图 3-10 所示，在基质条件上提供土壤要素供动植物栖息，使其自然形成动植物群落。此结构形式适于在断面较大的骨干渠道上采用。

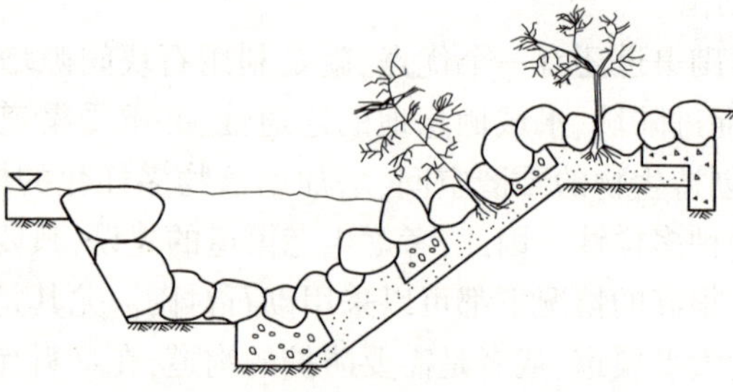

图 3-9　砌石和混凝土混合衬砌形式

3.4.2.4　其他生态渠道的改进结构设计

除上述生态渠道模式外，还有其他一些设计措施，可提高沟渠的生态与环境功能，在渠道结构设计与实际施工中，目前已经有很多措施得到了很好的采用，比较常见的有护岸不护底、分段设通道、渠底多孔隙设计、多段式跌水设计等，通过多年来的实践，以上措施非常有效。

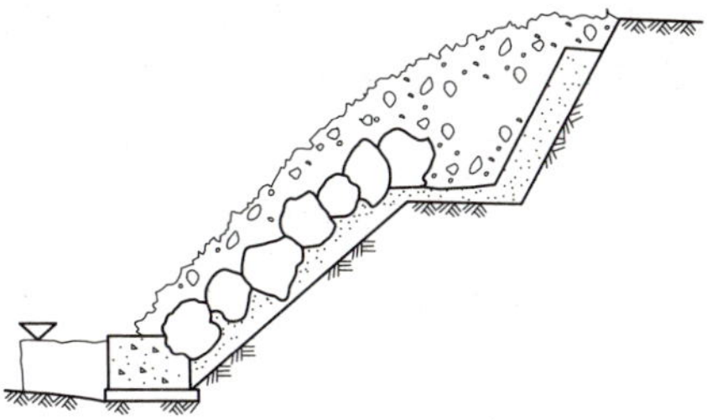

图3-10 砌石护岸覆土栽植衬砌形式

1.护岸不护底

在渠道衬砌中,为了既保持生态平衡,不破坏动物及微生物栖息活动、生存繁衍,又达到防渗断漏、高速行水、高效行水的双重效益,采用的结构设计形式是:在深泓行水区,采取护岸不护底的方式,即渠道主流区的坡岸采用混凝土或砖石等材料进行衬砌护坡,渠道底部采用黏土进行夯实与碾压,使土壤与水、气保持正常的通透性能,保持水生植物、动物、微生物的正常生存环境,这对于保持水体自净能力也非常重要。在护岸前,多数渠道是先对两岸及渠底进行清障清杂与填土碾压,然后铲坡护砌与盖顶封底。

2.分段设通道

渠道防渗衬砌后,边坡由缓变陡,不仅影响植被生长,更使一些两栖动物如青蛙、蛇等,在非灌溉行水期间,出入上下,非常困难。为保障动物上岸或下渠方便,在渠道结构设计中,可采取分段设立生态型动物逃逸通道的措施保护生态。一般每30~50 m设一通道,通道宽度为3~5 m。生物通道结构可为空心透水砖材料,砌成阶梯式,孔眼垂直向上,孔眼中填土种草,砖下黏土夯实,阶侧可用混凝土固化。或者通过调整衬砌率,每隔一定距离保持原来的土渠结构。

3.渠底多孔隙设计

在山丘区,或者堤坡比较大的沟渠,可在渠底堆置块石或石砾，创造出渠底多孔隙空间，可搅动水流，制造多样化水流，并使动物、微生物附着在表面，使渠底成为底栖生物藏匿及繁衍的场所，提供多样化的底栖型生物空间。此外，灌溉渠道在非灌溉季节，渠道水量骤减，甚至干涸见底，在渠底设置多孔隙空间，可以延续水生生物的生命，如图 3-11 所示。

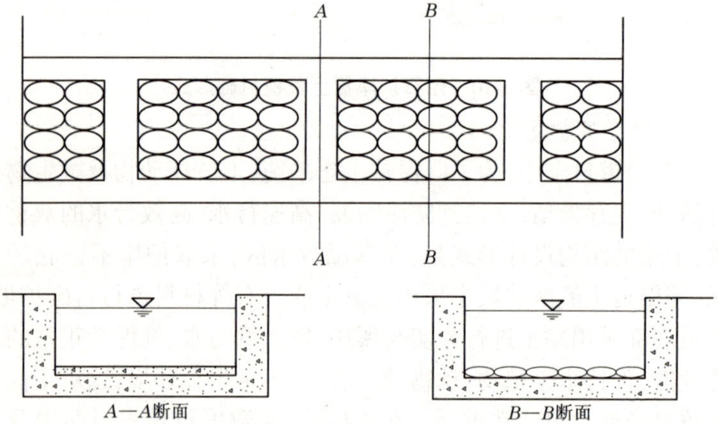

图 3-11　渠底多孔隙设计

4. 多段式跌水设计

山丘区渠道，因地形变化太大时，多采用跌水设计。在渠道拦水灌溉时，会设置拦河坝或节制闸，这些渠系建造物都会因高度过高阻断鱼虾上溯的路径。因此，可采用多段式跌水设计，降低建造物高度以利于鱼虾上溯，并在渠道比降过大的地方提供消能的作用，有助于创造出鱼虾喜爱的急、缓水流，如图 3-12 所示。

3.4.3　渠道适宜的断面形式选择

目前，常见的防渗渠道断面形式有 U 形、梯形、矩形等。断面形式的选择宜结合防渗结构的选择一并进行。不同防渗结构适用的断面形式不同。

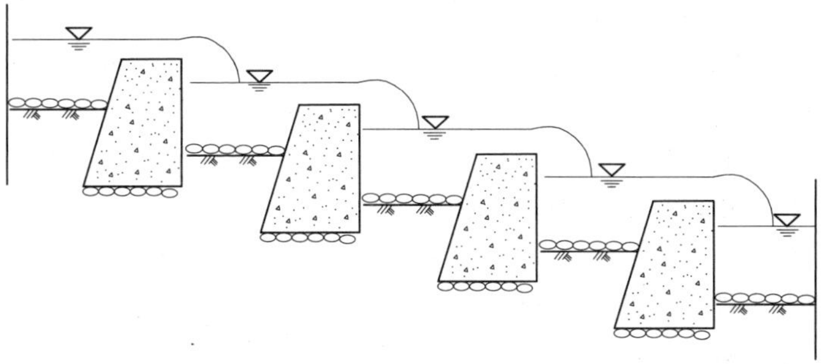

图 3-12　多段式跌水设计

3.4.3.1　U 形断面

U 形渠道开口小、占地少,较同流量梯形渠道节省土地 30%~50%;更接近水力最佳断面,过流条件好;具有适应基础冻胀的性能,其冻害程度仅为梯形渠道的 1/4~1/3;养护费用低,损坏率仅为梯形渠道 1/10。U 形渠道在江苏省末级渠道上已广泛应用,并已研制出基槽开渠机、现场浇筑 U 形混凝土渠的衬砌机、卷板式混凝土 U 形预制机等,这些机械设备的使用,提高了渠道防渗工程质量,加快了施工进度,降低了工程造价。

U 形渠道有现场浇筑和预制拼装两种施工方式,但是从生态角度来说,建议采用预制拼装的方式,因为预制块之间有一定的空间,可以为动物提供栖息的场所,符合生态渠道的理念。此外,U 形渠道边坡陡,当 U 形渠道尺寸较大时,渠道深、渠坡陡,小动物(如蛙类、刺猬、蛇等)若掉入渠道,很难爬出。因此,U 形断面比较适合小流量、小尺寸的斗渠和农渠。

U 形渠道有标准 U 形断面和非标准 U 形断面两种形式。非标准 U 形断面较标准的 U 形断面边坡更缓,底部和开口更宽,所以目前在土壤沙性较重的江苏南通高沙土地区,土质疏松、质地较粗的响水县、滨海县、射阳县、大丰市、东台市、如东县、通州市、海门市和启东市的西部地区大多采取此种断面形式。从生态角度来看,非标准 U 形断面更有利于动物穿过渠道,故推荐采取非标准 U 形断面形式。

3.4.3.2　梯形断面

梯形断面渠道施工简便,边坡稳定,土渠断面必须采用梯形断面,拼装式混凝土板梯形渠道是最传统的防渗渠道断面形式,也是目前在土地开发整理项目中普遍应用的沟渠断面形式。

3.4.3.3　复式断面

复式断面考虑了高水位和低水位之间的水位差,在渠道中设置一低水流量的稳定渠槽,以减少高低水位差对渠道两岸的动植物造成冲击,并能提供物质、能量的持续流动分布。对于大型渠道,全坡护砌不仅造价大,景观效果差,而且农沟为不同物种提供有差异的干湿生存环境,有利于生物多样性。因此,在沟渠结构设计中,渠道两岸设立缓坡,形成复式断面,不作护砌,留下空间进行植被栽种或形成自然植被,可作为动物及微生物体活动的缓冲地带。如江苏省扬州市,灌区主要种植水稻,用水频繁,且灌水期间气温高,为了保护动物、微生物,在缓坡缓冲带上,间植耐水树种,常采用金丝垂柳,既耐水遮阴,又提高了景观效果。缓冲带空间宽度用黄金分割率确定视觉效果,一般两侧之和占渠道口宽的 40% 左右。缓坡坡度为 1∶10,以不产生冲刷为度。

3.4.4　生态沟渠的配套措施

在渠道周边通过绿化来营造一个良好的生态环境。乔木高大的树干和树冠可以为渠道提供良好的遮阴环境,可降低水温,为水生动物营造多样化的栖息、繁衍空间;灌木可为地表提供良好的覆盖,减少降水等对地表的冲蚀,并能在渠道旁形成一道天然屏障,防止动物失足跌入渠道;草本植物的根系可增加渠道岸坡的抗剪强度,植物根系分布范围越广,效果越明显。

渠道改造后,为了防止居民沿渠乱堆乱放,侵害渠道生态环境,在管理中可采取以下措施:将渠岸堤防的迎水侧圈定5 m,进行开沟排水,绿化植被,使绿化区与行人道隔离,在圈入的范围内栽种花木,既保护了渠道,又保护了道路。隔离栏的绿化可采用日本冬青、金叶女贞等。在土地受到限制时,可在渠道两岸的岸顶栽植一排乔灌相间的林带,乔木选择杨树,灌木可选择蔷薇、月季、木槿、小叶女贞等。

3.5　渠道适宜衬砌率的研究

渠道衬砌改造,在减少渗漏损失、节省土地、防灾、提高输水效率、护岸稳定等方面有重要的作用,同时渠道是农田生态系统的重要组成部分,渠道的硬质化破坏了渠道生态系统与农田生态系统的生态链,割裂了水体与土壤的联系,使水系与土地及其生物环境相分离,减弱了渠道的生态功能,恶化了渠道动物的栖息、繁衍环境,并对生物迁移造成阻隔。因此,有必要在渠道规划、改造建设中,平衡好“生态”与“工程”两者之间的关系。

近年来,在土地开发整理规划设计中,对生态和环境的考虑逐渐受到重视,如开始注重坑塘水体的作用,保留适当水面面积等,但目前整体仍处于初始起步阶段。尤其是灌排工程中,在较高新增耕地率、输水效率和速度的要求下,输水与生态、环境之间存在不少矛盾。从国内外的研究来看,确定适宜渠道衬砌率的量化指标是渠道生态构建的努力方向。

3.5.1　渠道适宜衬砌率数学模型的建立

本书从经济学、生态学角度,研究在满足灌区生态需水量的前提下,末级固定渠道进行防渗衬砌时所产生净效益最大值时的防渗衬砌率作为适宜衬砌率。

3.5.1.1　效益分析

防渗渠道能产生节水效益、省工效益、增产效益,还有增加耕地面积后产生的复耕效益等。对于提水灌区而言,还存在节水带来的节电效益等。

1. 节水效益

节水效益主要体现在渠道防渗衬砌建设完成后,渠系水利用系数增加,渠道渗漏损失减少而带来的节水量。

$$\Delta W = W_0 - W_f \tag{3-2}$$

其中:

$$W_0 = \sum_{i=0}^{L} (mF_i / \eta_0^i) \quad W_f = \sum_{i=0}^{L_f} (mF_i / \eta_f^i) + \sum_{i=L_f}^{L} (mF_i / \eta_f^{L_f} \eta_0^{i-L_f}) \quad (L > L_f > 0)$$

式中:ΔW 为渠道防渗前、后的节水量,m^3;W_0为渠道防渗前的用水量,m^3;W_f为渠道防渗后的用水量,m^3;L 为渠道总长度,km;L_f为防渗渠道长度,km;F_i为第 i 千米前一定范围内渠道分布的灌溉面积,亩,由灌溉面积沿渠分布形式而定;m 为农作物综合净需水量,m^3/亩;η_0为防渗前每千米渠道水利用系数;η_f为防渗后每千米渠道水利用系数。

根据《水利建设项目经济评价规范》(SL 72—2013)的规定,灌溉节水设施的效益应按节水设施可节省的水量,用于扩大灌溉面积或用于提供城镇用水等可获得的效益计算。由此,扩大的灌溉面积为 $\Delta F = \Delta W / m$,因此节水效益为

$$B_s = \Delta F a_1 K_1 \tag{3-3}$$

式中:B_s为年节水效益,元;ΔF 为年节水量可扩大的灌溉面积,亩;a_1为扩大灌溉单位面积增加的农作物产量,kg/亩;K_1为每千克农作物综合净效益,元/kg。

2. 节地复耕效益

当渠道输送的设计流量相同时,防渗渠道的底宽和边坡都小于土渠。在水深相同、保证宽深比不小于 0.5~1 的情况下,土渠

底宽是防渗渠道底宽的 2~2.5 倍，所以渠道防渗可减小渠道的占地面积。但是在土地整治工程中，渠道防渗减少的占地不一定全部发展为耕地，当田间布置形式采取沟—渠—路的布置形式时，渠道减少的占地只能用于增加道路的宽度或者用于进行农田绿化，所以这里只考虑减小面积的一半作为增加的耕地，可以耕作，种植粮食作物，其余 50%仅能栽草植树或增加道路宽度，其效益增长比较缓慢。因此，节地复耕效益仅考虑其增加粮食产量效益。可用下式表示：

$$B_f = 0.5F_f L_f a_2 K_1 \tag{3-4}$$

式中：B_f为年节地复耕效益，元；F_f为采取防渗措施后每千米渠道恢复的土地面积，亩/km；a_2为每亩耕地农作物年综合产量，kg/亩；其他符号意义同前。

3.省工效益

渠道防渗工程除防渗作用外，还有防冲、防淤、防坍塌、稳定渠道，保证输水安全的作用。渠道防渗后，减少了淤积和垮塌现象的发生，减少了因清淤、除草工程每年投入的大量人力，可大大节约岁修、整治和管水用工，降低维护费用。

$$B_g = GL_f K_2 \tag{3-5}$$

式中：B_g为年省工效益，元；G 为采取防渗措施后每千米每年可节省的用工量，工日/km；K_2为劳动工日单价，元/工日；其他符号意义同前。

4.增产效益

防渗后减小了糙率，提高了输水速度，缩短了输水时间和轮灌周期，保证了农作物的适时栽播，这对于干旱季节和作物关键用水期作物的用水需求至关重要，必将得到增产效益。通过对江苏省各个灌区和已建渠道的灌溉情况调查，渠道在防渗前所灌溉面积有 50%左右不能适时栽播。因此，其增产效益为

$$B_z=\begin{cases}\sum_{i=0}^{L_f}(a_3F_iK_1) & 当\sum_{i=0}^{L_f}F_i\leqslant 0.5F 时\\ 0.5Fa_3K_1 & 当\sum_{i=0}^{L_f}F_i>0.5F 时\end{cases} \tag{3-6}$$

式中：B_z为年增产效益，元；a_3为适时栽播增加的综合产量，kg/亩；F 为防渗前的灌溉面积，亩；其他符号意义同前。

5.节电效益

对于提水灌溉，节水就相当于减少了提水量，节约了用电，所以节电效益为

$$B_d=\Delta WHK_3/\eta_z \tag{3-7}$$

式中：B_d为节电效益，元；H 为渠首提水扬程，m；K_3为当地农用电价，元/度；η_z为水泵装置效率；其他符号意义同前。

6.渠道防渗后的年度总效益

渠道防渗后的年度总效益为

$$B=B_s+B_f+B_g+B_z+B_d \tag{3-8}$$

3.5.1.2　费用分析

投入资金对渠道进行防渗处理，将增加固定资产折旧费和岁修费、年运行费和资金利息，折旧费近似按直线法进行计算，则

$$C=AL_f(X_1+X_2+X_3+m) \tag{3-9}$$

式中：C 为增加的费用，元/年；A 为防渗每千米渠道所需投资，元/km；X_1为年折旧率(%)；X_2为年修理费率(%)；X_3为年运行费率(%)；m 为年贷款利率(%)；其他符号意义同前。

3.5.1.3　目标函数确定

渠道防渗工程所产生的净效益为其效益(毛效益)与增加的费用之差，即

$$Z=B-C \tag{3-10}$$

式中：Z 为采取防渗措施后实现的净效益，元；B 为防渗措施带来

的毛效益,元;C 为防渗措施增加的费用,元。

3.5.1.4　约束条件确定

1.生态需水量的约束

考虑到渠道的生态功能,必须满足渠道及渠道周边环境动植物生长、繁殖、栖息,即渠道生态系统维持正常的结构与功能所必需的水量,则渠道必须保证一定的渗漏水量,以满足生态需水的要求,即渠道渗漏水量、降水入渗量和地下水对土壤水分的补给量之和必须大于渠道周边的生态用水量。

1)生态需水量

国内外对河道内生态需水量的研究比较多,计算方法比较成熟,广泛采用蒙大拿法来计算河道内生态需水量,而渠道两岸生态需水量为渠道周边动植物正常生长、繁殖所需要的水量。

2)估算生态需水量的水量平衡法

本书采用水均衡法,即水量平衡法,对典型区生态需水量进行估算,水量平衡法具有概念清楚、方法简单、适应性强、可粗可细等优点。该方法是目前生产中应用最广泛的一种评价方法。水量平衡法是通过建立水量平衡方程式,并测定方程式中有关的收入项和支出项,来评价水资源平衡动态。这里选择生态环境保护得比较好、生物多样性比较好的项目区,用水量平衡法对土壤含水量及生态系统需水量做估算,以此典型区的估算数值作为这一地区生态需水量的参考值。

土壤水分的收入项有降水、地下水补给、渠道渗漏补给等,支出项有植被腾发、地表及地下径流等,平衡量即反映土壤储水量的变化。

$$W_{st} = (P_0 + W_s + K_d) - (ET + D) \tag{3-11}$$

式中:W_{st}为计算时段内的生态需水量;P_0为有效降水量;W_s为渠道渗漏水量和田间渗漏水量之和;K_d为地下水对土壤水的补给量;ET 为植被腾发量;D 为渗漏到地下水的水量。

A.有效降水量

降水入渗水量：

$$P_0 = \sum_i \theta_i P_i \tag{3-12}$$

式中：P_i 为降水量，mm；θ_i 为降水入渗系数，其值与一次降水量、降水强度、降水延续时间、土壤性质、地面覆盖及地形等因素有关，一般认为当一次降水量小于 5 mm 时，θ 为 0，当一次降水量为 5~50 mm 时，θ 为 1.0~1.1，当次降水量大于 50 mm 时，θ 为 0.7~0.8。

B.渠道渗漏量和田间水渗漏量

渠道渗漏量包括土渠的渗漏量和衬砌渠道的渗漏量，在江苏省很多地方如沿湖圩区、沿江地区或者里下河圩区，地下水位很深，还需要考虑地下水的顶托作用。所以，渠道渗漏量为

$$W_s = \sum_{i=0}^{L_f}(mF_i\sigma L_i\beta\gamma) + \sum_{i=L_f}^{L}(mF_i\sigma L_i\gamma) \tag{3-13}$$

式中：W_s为采取防渗措施后渠道的总渗漏量，m^3；σ 为每千米渠道输水损失系数(%)；β 为采取防渗措施后渠床渗漏量的折减系数(%)；γ 为地下水顶托修正系数(%)，地下水位很深时，$\gamma=1$；其他符号意义同前。

田间水渗漏量为

$$W_s = (1-\eta_{田})\sum_{i=0}^{L}(mF_i) \tag{3-14}$$

式中：$\eta_{田}$为田间水利用系数；其他符号意义同前。

C.地下水对土壤水的补给量

地下水位较浅时，地下水通过毛管作用补给土壤水分。地下水对土壤水的补给量 K_d 与地下水位、土壤性质等因素有关，一般可根据当地试验或者经验数值确定。这里采用如下经验公式计算：

$$K_d = E_0\left(1-\frac{\Delta h}{\Delta h_0}\right)^n \tag{3-15}$$

式中：K_d为地下水对土壤水的补给量；E_0为水面蒸发强度；Δh 为地下水位；Δh_0为地下水补给量为0时的极限埋深；n 为系数，取决于当地气候和水文地质条件。

D.植被腾发量

植被腾发量与植物的生物学特性、土壤条件和气象条件有关，计算公式为

$$ET = K_s \cdot K_c \cdot ET_0 \tag{3-16}$$

式中：ET 为植被腾发量；K_s为土壤水分胁迫系数；K_c为植物系数；ET_0为参考作物腾发量。

E.渗漏到地下水的水量

根据渗漏量与土壤平均含水量的关系，Eagleson 提出一个通用公式：

$$D = k_\omega \left(\frac{\omega}{\omega_s}\right)^e \tag{3-17}$$

式中：D 为渗漏到地下水的水量；k_ω为土壤饱和导水率，g/cm^3；ω 为土壤平均含水量（%）；ω_s为土壤饱和含水量（%）；e 为土壤孔隙连通指数。

3）生态需水量估算的面积定额法

以上水量平衡法计算土壤储水量的变化，需要大量的经验参数，实际应用起来不是很方便。可以用面积定额法确定植被生态需水量作为渠道生态系统需水量的估算值。

大量研究表明，一定土层的土壤含水量与动物、植被生物量有显著的相关关系。目前，计算陆地生态系统的生态环境用水量主要将植被腾发量作为参考依据。其理论依据是：从长时间尺度来看，陆地水分循环在土壤水分运移这一环节中，上层土壤和深层土壤之间的水分交换可视为零，因此可以将植被腾发量看作植被生态用水量。事实上，水分在土壤中运移，不可避免地要产生渗漏，在一定时间内，上层土壤和深层土壤之间的水分交换不能忽略。

此外,在对生态环境水分供给过程中,还可能有其他水量损失发生。如果仅将植被腾发量作为植被生态用水量,将导致植被实际水分利用量远远小于需求量,导致生态环境退化。因此,应该从不同土地利用类型的土壤储水量及与植被的相互关系入手,将土壤水作为一种生态环境用水对象考虑。

面积定额法是以某一区域某一类型植被的覆盖面积乘以其生态用水定额来计算。

$$W_{st} = \sum W_{sti} = \sum A_i r_i \tag{3-18}$$

式中:W_{st}为渠道两岸生态需水量,m^3;W_{sti}为第 i 类植被的生态需水量,m^3;A_i为第 i 类植被的覆盖面积,亩;r_i为第 i 类植被的生态用水定额,m^3/亩。

4)生态需水量的约束方程

约束条件:

$$W_s + P_0 BL + K_d > W_{st} \tag{3-19}$$

式中:W_{st}为渠道两岸生态需水量,m^3;P_0为有效降水量,m;L 为渠道总长度,m;B 为渠道生态系统的影响带宽度,m;K_d为地下水对土壤水的补给量,m^3。

2.井渠结合区地下水补给量的约束

除渠灌区外,在江苏省北部徐州和连云港还有部分井渠结合的项目区。井渠结合可以利用地下水含水层对地面水灌溉补给的地下水进行调蓄,重复利用地表水灌溉中渠道渗漏、田间灌溉渗漏补给的地下水,实行地表水和地下水的联合运用。在不同的渠道衬砌率条件下,灌区的地形地貌、气象、土壤等自然条件的不同,导致在井渠结合的方式下对地下水位控制要求不同。一方面应满足耕地农作物用水要求,另一方面应使周边非耕地保持适当的地下水位,以维持天然植被的存活。为了灌区的持续发展,还需要保持地下水采补平衡,避免地下水超采,地下水位下降。所以,在井渠结合的项目区,除要满足生态需水量的约束条件外,还要增加一个约束条件,即满足灌区地下水补给量的要求。

约束条件:

$$D - W_x > W_d \tag{3-20}$$

式中:D 为渗漏到地下水的水量,m^3,由 Eagleson 提出的通用公式计算;W_x为消耗于潜水蒸发和地下径流排泄出的水量,m^3;W_d为地下水开采量,m^3。

3.5.1.5　数学模型

以净效益为目标函数,以渠道防渗长度为变量,以生态需水量和地下水补给量为约束条件,求满足生态需水的前提下净效益的最大值。当净效益最大时,所得的防渗长度与项目渠道总长度的比值即为渠道适宜的衬砌率。

目标函数:　$\max Z = B - C$

约束条件:　$W_s > W_{st}$

$D - W_x > W_d$(井渠结合灌区)

3.5.2　渠道适宜衬砌率数学模型的应用

根据所建立的数学模型,采用 Matlap 软件工具箱进行优化计算。

由于各地地形条件、土壤条件的差异及衬砌渠道的差异,在确定参数时,必须因地制宜。本次计算采用实测资料与调查资料相结合的原则进行参数确定。

选取了2个典型的土地整理项目,一个是位于江苏省低山丘陵区的句容市的“省级投资句容市基本农田土地整理项目”,一个是位于平原区的泰兴市的“江苏省泰兴市胡庄镇土地整理项目”。

3.5.2.1　省级投资句容市基本农田土地整理项目

省级投资句容市基本农田土地整理项目建设规模为345.2 hm^2,包括黄梅、华阳、行香三个项目片,项目区为典型的低山丘陵区,土壤为壤土性质。这里选择黄梅片渠道进行渠道适宜衬砌率的计算。句容黄梅片总的地势为北高南低，项目区东西向两侧高、中间低，有黄梅河呈南北向从项目区中间穿过。项目区内坑塘面积较大，塘坝水是本区的主要水源之一。由于多年淤积，深度一般只有 0.6~1.0 m，有效蓄水量不足，造成区内水资源紧张。目前，区内农民主要依靠自备小型移动水泵从水源提水，灌溉效率低、成本高、控制面积小。本项目规划修建提水泵站，分片供水。项目区规划 5 个相对独立的灌溉小区。

第一个灌溉小区是项目区东侧边界和黄梅河东侧分支之间的地块，控制面积为 638.87 亩，灌溉面积为 617.8 亩。此地块东高西低、北高南低，现拟沿项目区北边界和东边界布置 1 条斗渠（斗渠一），从黄梅河取水，斗渠一长 2 210 m。修建滚水坝后，项目区北边界处黄梅河水位可抬高至 43 m，控制灌溉面积内地面高程为 35~48 m，故在斗渠一渠首修建泵站抽水灌溉。斗渠一基本平行于等高线布置，农渠基本垂直于等高线布置，农渠间距确定在 100 m 左右，灌排分开。由于农渠垂直于等高线布置，梯田宽度在 20 m 左右。

第二个灌溉小区是黄梅河左右两个分叉之间的地块，此地块已有一条渠道——四清渠，可从黄梅河上游自流引水灌溉。为方便灌溉，在原有渠道的基础上加修建斗渠二，斗渠二长 411 m，控制灌溉面积为 107.5 亩，斗渠下设农渠，农渠间距为 100 m，在斗渠二南侧呈单排布置，农沟、农渠相邻布置。

第三个灌溉小区在采矿地附近，后塘行政村以北、黄梅河以西的地块。此地块西北高、东南低，拟从黄梅河用水泵提水灌溉，斗渠（斗渠三）沿采矿地东部 45 m 等高线布置，农渠垂直于斗渠（斗渠三）东西向布置，间距为 100 m，斗渠三长 341 m，控制灌溉面积为 114 亩。

3.5.2.2 江苏省泰兴市胡庄镇土地整理项目

泰兴市胡庄镇高标准农田项目区位于泰兴市最北部的胡庄镇境内，项目区分为东、西两片，总面积为 1 757.47 hm^2。项目区为通南高沙平原,地形相对平坦,局部稍有起伏。这里只分析项目区的东片,由野奔河和戴王河将东片划分为三个区域,陶沟河与野奔河之间的西片地区从陶沟河提水灌溉;野奔河与戴王河之间的中片从野奔河引水灌溉;戴王河以东地区从戴王河引水灌溉。斗沟、斗渠和农沟、农渠均为相间布置,双向控制,农渠间距为 200 m,采用 U 形混凝土衬砌渠道,斗渠采用 U80 形式,农渠采用 U50 形式,斗渠一长度为 967 m、灌溉面积为 1 152 亩;斗渠二长度为 999 m、灌溉面积为 2 332 亩;斗渠三长度为 1 351 m、灌溉面积为 1 290 亩。每条斗渠下设的农渠数量在 10~19 条变化,农渠采用轮灌的方式,根据农渠数量每个斗渠可分 1~2 个轮灌组,每个轮灌组共 5~10 条农渠,农渠设计流量为 0.053~0.11 m^3/s。

3.5.2.3　计算结果

在这 2 个土地整理项目中各选取 5 条渠道,利用 Matlap 软件工具箱进行渠道防渗整治计算,计算结果见表 3-12。

表 3-12　土地整治项目渠道适宜衬砌率的计算

渠道名称		长度(m)	灌溉面积(hm^2)	防渗措施	适宜衬砌率(%)
句容	斗渠一(提水)	2 210	41.2	混凝土	72
	斗渠二(引水)	411	7.2	混凝土	70
	斗渠三(提水)	341	7.6	混凝土	75
	农渠	300	3	混凝土	65
	农渠	400	4	混凝土	70
泰兴	斗渠一(提水)	967	76.8	混凝土	82
	斗渠二(提水)	999	155.5	混凝土	81
	斗渠三(提水)	1 351	86	混凝土	82
	农渠	300	6	混凝土	76
	农渠	400	8	混凝土	74

项目组收集了多个土地整治项目报告,对渠道适宜衬砌率进行计算,可以得出以下结论:末级灌溉渠道混凝土防渗的经济长度在渠道总长的65%~80%范围内。其中,丘陵区渠道适宜衬砌率为65%~75%,平原区渠道适宜衬砌率为70%~80%。

从建立的数学模型可以看出,适宜衬砌率的确定主要与地形、土壤性质、地下水位等因素有关。丘陵区地面坡度陡,降水入渗量少,地下水位一般比较深,地下水对土壤的补给量也不大,生态需水主要靠渠道渗水来满足,所以一般渠道衬砌率不应很高,但是丘陵区灌溉一般需要提水灌溉,衬砌率不高,会加大灌溉成本,所以适宜衬砌率不是一个固定的数值,需要综合考虑各个方面的因素,根据本书提出的模型进行计算。平原区,尤其是江苏省平原区,降水量丰富,降水入渗补给量大,地下水位不是很深,对土壤水也有一定的补给,可以满足一部分生态需水,所以渠道适宜衬砌率可以高一些。本书通过大量计算,提出一个渠道适宜衬砌率的参考值,供规划设计参考,具体见表3-13。

表3-13　不同区域混凝土渠道适宜衬砌率　　(%)

类型区	提水灌溉	地下水位浅	土壤偏黏性
丘陵区	75	70	65
平原区	80	75	70

对于大型灌区,骨干渠道输水距离较长。土渠的糙率较大,输水速度慢,为及时灌溉(尤其是水稻泡田),建议对骨干渠道进行衬砌防护以提高输水速度,部分区段可不衬砌,用于为水生生物提供栖息场所。但对于高标准农田建设项目,由于单个项目控制面积一般不超过2 000 hm^2,渠道通常只涉及斗渠、农渠两级,个别涉及支渠。输水渠道(斗渠、支渠)输水距离不远,且渠道一般高于地面,仅在灌溉期间渠道积水,其生态效应不强,且南方地区降水

较多,生态需水相对容易满足,渠道衬砌主要是提高输水效率和减少渗漏,未衬砌部分主要用于设置生物通道。输水渠道衬砌率主要根据工程造价、节水效益和管理等确定,可适当提高。农渠属于配水渠道,输水距离短,输水速度对灌溉的影响较小,且数量较大,全部衬砌的工程量较大。在地下水顶托较强、渗漏不严重的地区,可适当降低衬砌率。

第 4 章　适宜水面率的研究

本章主要内容是从区域尺度研究高标准农田建设过程中的适宜水面率。结合江苏省实际,丘陵区以拦蓄雨水、抗旱保苗为目标确定坑塘水面面积;平原区以除涝时调蓄容量和环境容量为目标确定适宜水面率;考虑项目区所在区域的位置、水系条件确定适宜水面率。

4.1　适宜水面率

4.1.1　适宜水面率的界定

4.1.1.1　水域的界定

水域是指现状或规划条件下,具有一定规模的承载地表淡水水体的区域范围的总称。

从以上的界定出发,考虑土地开发整理项目区的特点,其水域有四层含义:首先,这里所指的水域是指一定的区域范围,这个范围是指承载地表水体的项目区范围,而不考虑流入或流出等项目区以外部分;其次,一定规模是指水域具有一定的承载地表水体能力,这个能力表现为时间和空间两个方面;然后,天然的水域和人工的水域均属于本概念的界定范围;最后,规划条件下是指经各级政府批准规划中将作为承载地表水体的区域范围,如坑塘水面、蓄滞洪区等。

4.1.1.2　适宜水面率的内涵

适宜水面率包含两个层面的内涵,即水面率的内涵及其适宜性内涵。

水面率从表面上看是指区域水面面积占区域总面积的比例，事实上，同一水域其水面面积随水文年份、季节、水文气象等条件的变化而不断变化，其相应的水面率也是一个动态变化的数值。从水面率研究的背景和便于管理的角度出发，这里研究的水面率是指承载水域功能的区域面积占区域总面积的比例。所谓水域功能，是指水域的直接提供可利用的水源、调蓄区域水资源、降解污染物和吸纳营养物质、保护生物多样性、休闲旅游、航运、调节气候等功能。从以上定义出发，土地开发整理项目区的水面率可看成是承载着项目区内相关功能要求的水域面积占项目区总面积的比例。其功能主要包括农业用水供应、调蓄洪水、水资源蓄积、滞蓄涝水、环境容量等。

水面率的适宜性主要体现在以下几个方面：

(1)历史性。自然水域经历了数百万年的演变过程，每一历史时期的水域情况对支持当时社会的发展做出了重要贡献，而对当时的人类认识水平和水资源开发利用水平来说可能是相对适宜的。现在除我国西部和西南部边远地区的少数河流外，很难找到没有人类活动痕迹的自然河流。现阶段研究土地开发整理的适宜水面率也要基于现阶段人类认识水平、社会发展水平、水资源和土地资源开发利用水平等，这就是研究适宜水面率的历史性。

(2)地域性。受自然条件、区域发展水平等的影响，不同项目区的水面面积比例相差很大，适宜水面率也不相同。据统计，丘陵区所需的适宜水面率低一些，平原区所需的适宜水面率稍高一些。所以，应因地制宜地经过充分调查、科学分析、详细论证，提出符合流域条件、社会经济条件、自然生态环境和水土资源综合利用的适宜水面率。因此，本书在开展研究时，为符合适宜水面率的地域性，选择丘陵区和平原区分别进行研究。

(3)动态性。人类社会的发展和经济的进步需要不断增加水资源量，为满足这一要求，水面率需要与之相适应。同时，经济发展和人类社会进步要求的防洪、除涝、兴利等标准也在不断变化，相应的适宜水面率也要不断变化。此外，人类对水面率适宜性的认识是主观确定的，受人类认知水平的影响，它也是一个需要不断进步和变化的过程。水面率的适宜性应是相对于一个既定目标来说的。对于某一土地开发整理项目区而言，在特定的时间和现行有效的规范标准情况下，既定目标是一定的，但是随着时间的推移和规范标准的调整，既定目标也要随之变化。

高标准农田中水面率的影响因素包括当地自然条件、社会环境、经济发展水平、现有水利工程设施的综合能力、生物多样性、人们对水土资源和生态环境的认知程度等多方面内容。适宜水面率指的是从某一区域的现状和现行的法律法规、规范标准出发，考虑水域的基本功能正常发挥，提出一项指标，评估在人类活动与自然力双重作用下人类社会和水域自身的协调发展程度，进而通过对水域的管理来促进人与自然的和谐发展。

4.1.2 适宜水面率确定的基本方法

水域的基本功能之一是行洪除涝。汛期，暴雨产生的洪水在区域内能够得到滞蓄和防治，区域内部涝水能够通过水域滞蓄、利用相关的水利工程等顺利排除；旱季，水面滞蓄的水量又能够满足抗旱和环境的需水要求。河流、沟道、湖泊和坑塘、水库等水域是行洪除涝和抗旱等系统的重要组成部分，在排除特定洪涝时，不仅与相应的水域基础情况有关，而且与其相关水利工程的过流能力有关，在一定前提下，二者互为条件。因此，如何根据现行有效行洪除涝标准，协调区域内部水域的防洪滞涝能力和水利工程的防洪排涝能力，既达到系统行洪除涝的总体优化，又能够为抗旱保生态提供足够的水源，是土地开发整理项目区适宜水面率研究需解决的问题。水域的防洪、滞涝、抗旱能力及生态功能可以作为确定高标准农田项目区适宜水面率的基本依据。

高标准农田建设范围一般以行政区划来划分，面积较小，多为小流域的一部分或者分属于两个或三个不同的流域。为简化计算，在丘陵区中，本模型只考虑项目区内部的产汇流情况，不考虑流入区域的外来水部分，即只分析计算项目区内部的降水产汇流，进一步计算其滞洪库容；考虑抗旱时的需水容量为其正常库容。平原区通过设计排涝流量（排涝模数）反推河沟、坑塘调蓄容量。

防洪标准和除涝标准根据我国现行有效《防洪标准》（GB 50201—2014）和《灌溉与排水工程设计规范》（GB 50288—1999）的规定进行确定。根据区域的暴雨、洪水资料分析，并按照《水利水电工程设计洪水计算规范》（SL 44—2006）等规范计算设计洪水（设计洪峰流量、设计洪水过程线和设计洪水总量）和设计涝水（设计排涝流量、设计排涝过程线和设计涝水总量），再结合不同区域的需水容量确定土地开发整理项目区的适宜水面率。

4.2　产汇流与需水容量分析

4.2.1　产汇流分析

丘陵区的水面率主要考虑防洪和抗旱的要求，同时考虑减少占地来确定；平原区的水面率主要根据除涝时调蓄容量和环境容量来确定。因此，首先分析不同地形条件的产汇流情况。

4.2.1.1　丘陵区产汇流分析

高标准农田建设项目涉及流域面积较小，就目前情况而言，绝大多数的区域既没有流量资料，也缺乏自计暴雨记录，因此不可能由流量资料推求设计洪水。丘陵区小流域设计洪水（设计洪峰流量）采用推理公式法推求。分析步骤如下。

1.设计防洪标准

根据江苏省实际，目前山丘区防洪标准取 10 年一遇，即最大 24 小时暴雨出现的频率为 $P=10\%$。

2.设计暴雨

根据项目区的位置，查江苏省年最大 24 小时点雨量均值和江苏省最大 24 小时点雨量 C_v 等值线图（2005 年版），确定该项目区所在地流域中心点的最大 24 小时点雨量均值 $\bar{x}_{24}$、C_v，$C_s=3.5C_v$，进一步查得模比系数 K_P。

利用下式计算设计暴雨：

$$x_{24,P}=K_P\cdot\bar{x}_{24} \tag{4-1}$$

3.设计雨力

根据水利部门普遍采用的公式计算设计雨力：

$$S_P=x_{24,P}\cdot 24^{n-1} \tag{4-2}$$

$$n=1-\frac{\lg(\bar{x}_{24}/\bar{x}_1)}{\lg 24/1}=1-0.724\ 5\lg(\bar{x}_{24}/\bar{x}_1) \tag{4-3}$$

式中：S_P 为频率为 P 时的雨力，mm/h；n 为 1~24 小时暴雨衰减指数；$\bar{x}_{24}$ 为最大 24 小时点雨量均值，mm；$\bar{x}_1$ 为最大 1 小时点雨量均值，mm。

4.设计洪峰流量

设计洪峰流量主要通过联解以下方程式计算：

$$Q_m=\begin{cases}0.278\left(\dfrac{S_P}{t^n}-\mu\right)F & t_c\geqslant\tau\\[2ex] 0.278\dfrac{nS_Pt_c^{1-n}}{\tau}F & t_c<\tau\end{cases} \tag{4-4}$$

$$\tau=0.278\frac{L}{mJ^{1/3}Q_m^{1/4}} \tag{4-5}$$

式中：μ 为产流参数，江苏省取 $\mu = 1.5$ mm/h；t_c 为产流历时，h；m 为汇流参数，由 $\theta = F/J^{1/3}$ 来确定；τ 为汇流历时，h；F 为汇流面积，km^2；L 为从流域出口沿主河道至分水岭的最长距离，km ；J 为沟道的纵比降，以小数表示。

利用迭代法推求设计洪峰流量，步骤如下：

(1) 假设初始 τ_1，代入式(4-4)求得 Q_{m1}，再代入式(4-5)求得 τ_1。

(2) 将 τ_1 代入式(4-4)求得 Q_{m2}，再代入式(4-5)求得 τ_2。

(3) 由此类推，直到所得的 τ 稳定，得到设计洪峰流量 Q_m。

5.确定滞洪库容

根据设计洪峰流量，用简化计算法进行调洪演算，确定滞洪库容。

4.2.1.2　平原区产汇流分析

平均排除法是以排水面积上的设计净雨在规定的排水时间内排除的平均排涝流量或平均排涝模数作为设计排涝流量或设计排涝模数的方法，即

$$Q = \frac{R_{区}F}{86.4t} \tag{4-6}$$

或

$$q = \frac{R_{区}}{86.4t} \tag{4-7}$$

若排水区既有水田又有旱地，同时还有水域，则首先分别计算水田、旱地和水域的设计径流深，然后按水田、旱地和水域的面积比例加权平均，即得区域综合设计径流深，再用式(4-7)计算综合排涝模数。

对于水田　$$R_{水田} = P - h_{田蓄} - E \tag{4-8}$$

对于旱田　$$R_{旱地} = aP \tag{4-9}$$

对于水域　$$R_{水域} = P - h_{蓄} - E_0 \tag{4-10}$$

以上式中：$R_{区}$ 为区域设计径流深，mm，$R_{区} = \alpha_{水田} \cdot R_{水田} + \alpha_{旱地} \cdot$

$R_{旱地} + \alpha_{水域} \cdot R_{水域}$，$\alpha_{水田}$为水田面积比例，$\alpha_{旱地}$为旱地面积比例，$\alpha_{水域}$为水域面积比例；$Q$ 为设计排涝流量，m^3/s；q 为设计排涝模数，$m^3/(s \cdot km^2)$；F 为排水沟控制的排水面积，km^2；a 为径流系数；P 为设计暴雨量，mm；$h_{田蓄}$为水田滞蓄水深，mm，由水稻耐淹水深确定；E 为历时为 t 的水田田间腾发量，mm；$h_{蓄}$为水域滞蓄水深，mm；E_0为水面蒸发量，mm；t 为规定的排涝时间，d，主要根据作物的允许耐淹历时确定，对于水田，一般选 3~5 d 排除，对于旱地，因耐淹性较差，排涝时间应当选得短些，一般取 1~3 d，江苏省通常取 10 年一遇的日雨量，2 d 排除。

4.2.2 需水容量分析

4.2.2.1 丘陵区需水容量分析

丘陵区需水容量的确定需要考虑两种情况：一种情况是区域没有外来水源，完全由本地塘坝来保证作物灌溉，这种情况采用抗旱天数来确定计算区的需水容量；另一种情况是区域可以联合调水，这种情况采用抗旱期保证一次灌溉来确定计算区的需水容量。

1.采用抗旱天数确定需水容量

根据当地具体情况确定灌溉设计标准为抗旱天数，江苏省一般为 30~50 d。

以小流域为计算单元统计耕地面积及作物种植种类，分析确定各种作物在抗旱期间的需水量，最终确定计算区作物需水量：

$$W = 10 \times \left(\sum_{i=1}^{n} A_i \cdot ET_i\right)/\eta \tag{4-11}$$

式中：W 为抗旱期间作物需水量，m^3；A_i 为第 i 种作物种植面积，hm^2；ET_i 为抗旱期间第 i 种作物的需水量，mm；η 为灌溉水利用系数。

2.采用抗旱期保证一次灌溉确定需水容量

以小流域为计算单元统计耕地面积及作物种植种类，分析确定各种作物在抗旱期间的净灌水定额，最终确定计算区作物需水量：

$$W = 10 \times (\sum_{i=1}^{n} A_i m_i)/\eta \tag{4-12}$$

式中：W 为抗旱期保证一次灌溉的需水量，m^3；m_i 为抗旱期第 i 种作物的灌水定额，mm；其他符号意义同前。

4.2.2.2　平原区需水容量分析

1.水环境容量

水环境容量是在水体使用功能不受破坏的条件下，水体受纳污染物的最大数量。通常在水资源开发利用区域内，按给定的水质目标和设计水量、水质条件，水域容纳污染物的最大量称为水环境容量。水环境容量由稀释容量与自净容量两部分组成，分别反映污染物在水体中迁移转化的物理稀释与自然净化的作用。水体自净是指污染物进入水体后，由于水体自身生物的作用，通过生物、物理、化学等过程，使得水质得到净化的能力。只要有稀释水量，就存在稀释容量。只要有综合衰减因素，就存在自净容量。通常，稀释容量大于自净容量，在净污比大于 10~20 的水体，可仅计算稀释容量。自净容量中设计流量的作用大于综合衰减因素。利用常规监测资料估算水质模型中的综合衰减系数，相当于加乘安全系数的处理方法，精度能满足水资源保护规划与管理的要求。

水环境容量的估算及其在各污染源和区域之间的分配，是水污染总量控制的基础和核心。水中的物质随水流运动，若用该物质在某一断面处的平均浓度乘以相应的流量，可得到该物质单位时间内通过该断面的量，即

$$W = C \cdot Q \tag{4-13}$$

式中：W 为单位时间内通过断面的某物质的量，g/s；C 为该物质的

断面平均浓度，mg/L；Q 为断面处流量，m^3/s。

水环境容量以特定水域满足给定的水环境目标值为约束条件。假设以控制断面的水质达标来代表整个水环境功能区达标，那么在控制断面处，河流可承载的污染物的量可表示为

$$W_s = C_s \cdot Q \tag{4-14}$$

式中：W_s 为控制断面处河流可承载的污染物的量，g/s；C_s 为某物质的水质标准值，mg/L。

由水体的自净理论可知，水体的流动和紊动使得物质在水体中的分布趋向均匀，浓度降低，但污染物的总量并没有减少。只要有水量，水体对污染物就会有一定的稀释容纳能力，即稀释容量。此外，有机污染物会随着水生生态系统食物链和食物网的运动不断被分解氧化，其物质量在不断减少，浓度随之降低。由生化降解所造成的水体对有机污染物的容纳能力可称为自净容量或同化容量。

W_s 是考虑了水体稀释和生化降解综合作用后得到的，是水体稀释容量与自净容量的耦合表达，也是水环境容量的一维基本计算公式。在控制断面处，若污染物通过量 W 小于河流可承载的污染物的量 W_s，则说明各类污染物的量在水体的容纳能力之内；若 W 大于 W_s，则说明污染物的流入量已经超过水体的容纳能力，水体质量满足不了人们对它的环境等功能的要求。此时，一方面需要减少污染物的流入量；另一方面可增大水体的容纳能力，如通过增加流量（或水量）来扩大稀释容量，或人为地加快生物化学降解速度以提高水体自净能力。

2.水体纳污能力

水体纳污能力是在给定水域的水文、水动力学条件、排污口位置及方式的情况下，满足水功能区划确定的水质标准的排污口最大排放量，定义为该水域在上述情况下所能容纳的污染物总量，通常称为水体纳污能力。本书主要指研究区域河网、坑塘所能容纳

的农业面源污染所释放的污染物总量。

从污染物在水体中的分布状况来说，水功能区可以是一块完全均匀混合水体，也可以是一段有污染物衰减作用的河段，还可以是纵向衰减与横向混合作用同时发生的混合区。

水质标准与排污数量对应于同一种污染物，有定常排放和随机排放两种假定，水下排放与漫流排放两种方式，本书主要指后者。设计水量条件，可以划分为定常设计流量、流速、水温、潮流条件系列，以及随机设计流量、排污水量、排污浓度、达标率条件系列。

要进行水体纳污能力计算，首先必须根据自然和社会环境、社会和经济发展及水资源分布规律等因素，划定水功能区，确定功能区的水质目标；其次根据功能区的水文水资源特征，确定水文设计条件；再次分析功能区污染物进入区域的途径，特别是排污口的位置、排污量、污染物种类、浓度及排放规律等；最后选择合适的水质模型，进行分析计算。该计算一般可分为正向计算和反向推算两种类型：正向计算主要是根据规划区域的水文条件和污染源条件，计算水域污染物浓度分布规律，并对照水功能区划确定的水质目标，分析和评价区域水质状况；反向推算主要是根据水功能区划确定的水质目标，即水域内污染物浓度，运用水质模型反向推算污染物容许排入量，根据计算结果经分析论证确定水域纳污能力。

3.平原区需水容量计算

平原区需水容量主要考虑水体纳污能力。平原区沟塘水面主要承接农田和农村居民点的排水，农田排水具有一定的氮磷、COD含量，村庄生活污水中同样COD指标较高。径流和排水是非点源污染产生的原动力和载体，尤其在暴雨情况下几乎所有的污染物都会迁移。氮磷含量对农村沟塘水面的影响不大，因为这些水体主要是维持地区景观和农田灌溉用水。而COD含量过高，说明水体受有机物的污染严重，水体自净需要把这些有机物给降解，COD

的降解肯定需要耗氧,水中的溶解氧 DO 就会降低,当水中的溶解氧值降到 5 mg/L 时,一些鱼类的呼吸就会发生困难。当水中的溶解氧值降为 0 时,水体将成为厌氧状态,水体中的厌氧菌就会很快繁殖,有机物因腐败而使水体变黑、发臭。溶解氧值是研究水自净能力的一种依据。水里的溶解氧被消耗,要恢复到初始状态,若所需时间短,说明该水体的自净能力强,或者说水体污染不严重;否则说明水体污染严重,自净能力弱,甚至失去自净能力。

根据项目区的水质标准,按照沟塘水体容纳区域 COD 的能力,确定平原区需水容量,再结合区域滞蓄涝水的要求,综合分析确定平原区水面率。

4.3 水面率分析模型

从小流域尺度研究可持续土地开发整理项目区的适宜水面率。结合实际,考虑土地开发整理项目区所在区域的位置、地形、水系条件、土地利用状况等来确定其适宜水面率。丘陵区以拦蓄雨水、抗旱保苗为目标确定坑塘水面面积;平原区以除涝时调蓄容量和日常水环境容量为目标确定水面率。

丘陵区地势起伏剧烈,地面高差较大,坡度较陡;一遇暴雨,汇流迅速,往往山洪成灾,并造成严重的土壤流失;而无雨期间沟溪常常干涸,坑塘因水源不足而出现大面积干旱。与此同时,山丘区地形起伏,有利于筑坝建库,坑塘易蓄水抗旱、滞洪。因此,在山丘区土地开发整理过程中,保证适宜的水面面积和蓄水深度,便可有效地利用有利的自然条件,使得农业得到全面的发展。

平原区由于河网交错,地势平坦,加之坑塘洼地零星分布,影响了水利基础设施的统一规划及农业规模化经营,土地利用率和产出率不高。因此,在进行土地开发整理,优化土地利用结构的同时,应加强基础设施配套,特别是要处理好增加耕地面积和保证平原区河网及坑塘水面滞蓄涝水能力之间的矛盾,从而提高土地利用率和产出率及改善生态环境。

土地开发整理项目区适宜水面率的主要研究内容包括:根据项目区的地貌特征等自然条件、土地利用结构现状、洪涝灾害等特点,在对分区产汇流进行分析的基础上,结合需水容量,建立优化模型,求解出适合研究区的适宜水面率及相关参数。

4.3.1　丘陵区水面率分析模型

4.3.1.1　考虑需水容量的抗旱水面率

丘陵区坑塘水面的一个最重要的作用就是为作物灌溉提供水源,用其正常库容保证作物最基本的抗旱要求,本模型采用抗旱天数来确定作物需水量。抗旱要求适宜水面率的计算方法如下:

(1)统计项目区的耕地面积及作物种植种类。

(2)确定各种作物在抗旱期间的需水量。

(3)求抗旱期间项目区的作物需水量。

上述需水量可以作为丘陵区坑塘正常库容。

丘陵区抗旱适宜库容计算结构模型见图 4-1。

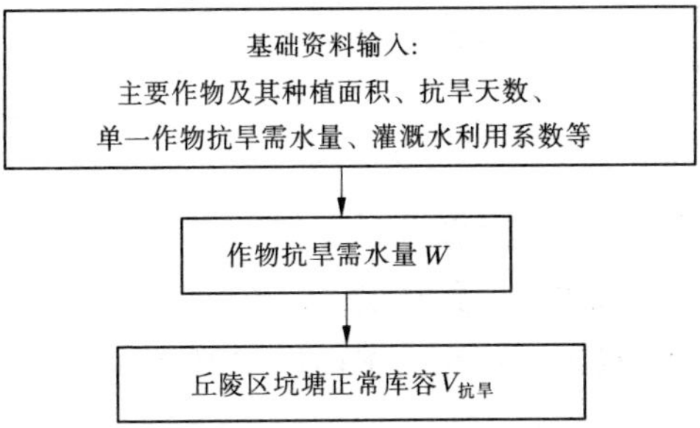

图 4-1　丘陵区抗旱适宜库容计算结构模型

1.主要输入参数的确定

(1)抗旱天数 $T_{抗旱}$(d)。根据项目区所在地具体情况确定,一般取 30 d,经济发达地区可取 45 d。

(2)作物抗旱日需水量 ET'_i(mm/d),参照表 4-1 确定。计算时,考虑到各作物的主要需水月份,不可重复计算。

表 4-1　江苏省几种主要作物的日需水量

作物	水稻	小麦	棉花	玉米
主要需水月份	6~9	3~5	6~9	6~9
日需水量(mm)	6.0	4.0	4.5	4.5

(3)作物种植面积 A_i(hm^2)。统计可得。

(4)灌溉水利用系数 η。根据项目区实际规划情况确定。

2.作物抗旱需水量 W 的计算

根据式(4-15)计算项目区几种主要作物的抗旱需水量:

$$W_i = 10 \cdot A_i \cdot ET_i/\eta \tag{4-15}$$

其中

$$ET_i = ET'_i \cdot T_{抗旱}$$

当 $W_{水稻} + W_{棉花} + W_{玉米} \geqslant W_{小麦}$ 时,取 $W = W_{水稻} + W_{棉花} + W_{玉米}$;否则,取 $W = W_{小麦}$。

3.丘陵区正常库(塘)容

丘陵区抗旱水面率计算时主要考虑坑塘蓄水为项目区主要作物抗旱灌溉提供水源所需要的水面面积,丘陵区满足抗旱要求的正常库(塘)容 $V_{抗旱}$(m^3)为

$$V_{抗旱} = W \tag{4-16}$$

4.3.1.2　防洪水面率

丘陵区坑塘水面除满足抗旱要求正常蓄水外,还需要有一定

的滞洪库容来满足防洪要求。丘陵区坑塘总库容的计算方法为：

(1)根据防洪标准和项目区所在位置确定设计暴雨及其历时分布。

(2)通过暴雨参数求得项目区的设计洪峰流量。

(3)由设计洪峰流量经调洪计算推求满足防洪要求的滞洪库容。

(4)据坑塘正常库容求得丘陵区满足防洪和抗旱要求的总库容 $V_{丘陵}$。

丘陵区坑塘总库容计算结构模型见图 4-2。

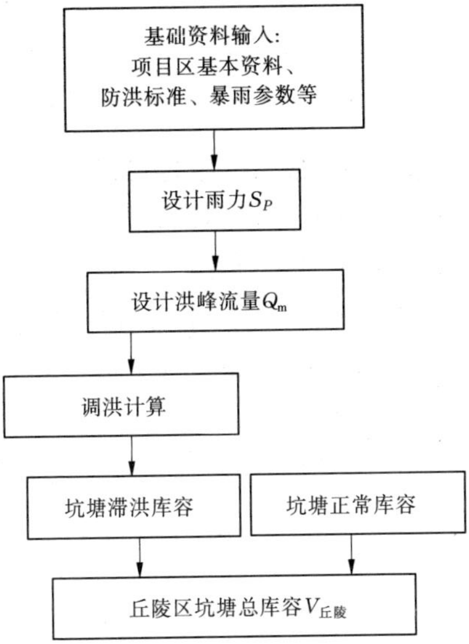

图 4-2　丘陵区坑塘总库容计算结构模型

1.设计洪峰流量的计算

推理公式法推求设计洪峰流量示意框图如图 4-3 所示。

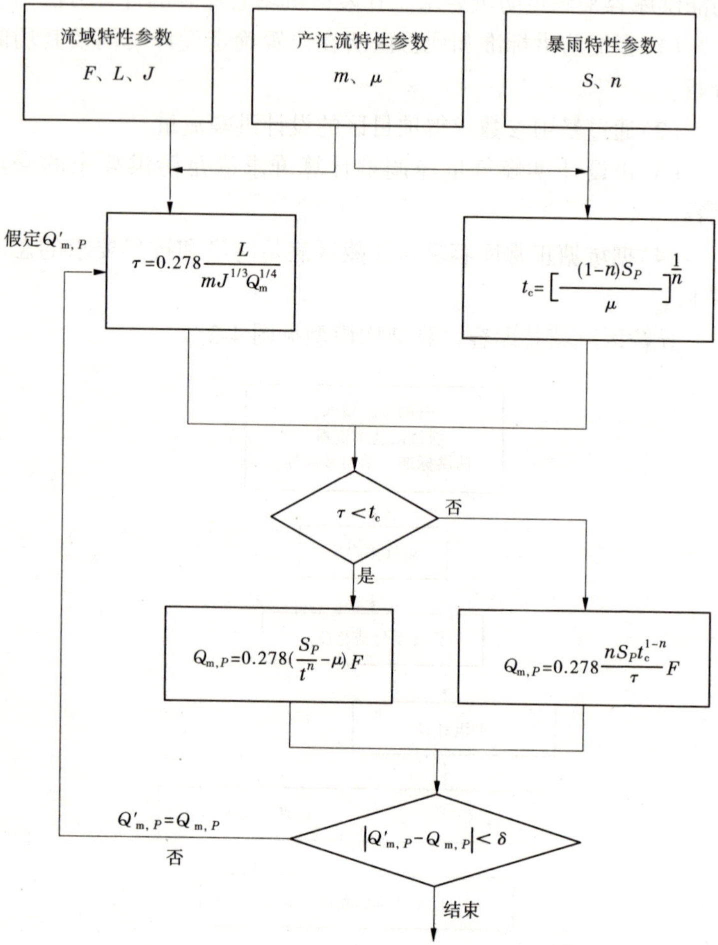

图 4-3　推理公式法推求设计洪峰流量示意框图

1）流域特征参数 F、L、J 的确定

$F(\mathrm{km}^2)$：汇流面积，此处可概化为整个高标准农田建设范围

内的面积。

L(km):从出口断面起沿主河道至分水岭的最长距离,概化为项目区主河道或者高低方向长度。

J(以小数记):如果项目区在流域(小流域)上游,为沿 L 方向的沟道的平均纵比降;如果项目区在流域(小流域)中下游,即为项目区高地到沟道出口处的平均纵比降。

2)设计暴雨参数 n 和 S_P 的确定

$$S_P = x_{24,P} \cdot 24^{n-1} \tag{4-17}$$

暴雨衰减指数 n 由各分区实测暴雨资料分析定量,查《江苏省水文手册》(2005 年版)通过计算即可获得,一般 n 的数值以定点雨量资料代替面雨量资料,不作修正。

3)设计流域损失参数和汇流参数的确定

损失参数 μ 和汇流参数 m 虽然在公式中有其物理意义,μ 为产流历时内的平均入渗率,m 为汇流速度系数,相当于 $Q_m=1$、$J=1$ 时的汇流速度。推理公式作为一种半理论半经验方法,式中的参数 μ 和 m 应作为经验性参数来优选其数值。

损失参数 μ 常按土壤透水性能和植被情况进行分区,根据《江苏省水文手册》(2005 年版)查算汇流参数 m,可参考表 4-2,表中 $\theta = F/J^{1/3}$ 。江苏省山丘区选Ⅲ区 m 值。

4)设计洪峰流量的求解

用迭代试算法求解设计洪峰流量 Q_m(见丘陵区产汇流分析)。

2.滞洪库(塘)容的计算

土地开发整理项目区往往面积不大,其中库(塘)工程规模较小,资料缺乏或规划精度要求较低,可采用简化计算法进行调洪演算,其设想是将入库(塘)流量与出库(塘)流量简化为三角形,见图 4-4。

表 4-2　小流域下垫面条件分类

类别	雨洪特性、河道特性、土壤植被条件的简单描述	m 值			
		$\theta=1\sim10$	$\theta=10\sim30$	$\theta=30\sim90$	$\theta=90\sim400$
Ⅰ	北方半干旱地区，植被条件较差，以荒坡、梯田或少量的稀疏林为主的土石山区，旱作物较多，河道呈宽浅型，间隙性水流，洪水陡涨陡落	1.00~1.30	1.30~1.60	1.60~1.80	1.80~2.20
Ⅱ	南北方地理景观过渡区，植被条件一般，以稀疏林、针叶林、幼林为主的土石山区或流域内耕地较多	0.60~0.70	0.70~0.80	0.80~0.90	0.90~1.30
Ⅲ	南方、东北湿润山丘区，植被条件良好，以灌木林、竹林为主的石山区，或森林覆盖度达 40%~50%，或流域内多为水稻田、卵石，两岸滩地杂草丛生，大洪水多为尖瘦型，中小洪水多为矮胖型	0.30~0.40	0.40~0.50	0.50~0.60	0.60~0.90
Ⅳ	雨量丰沛的湿润山区，植被条件优良，森林覆盖度可高达 70%以上，多为深山原始森林区，枯枝落叶层厚，壤中流较丰富，河床呈山区型，大卵石、大砾石河槽，有跌水，洪水多为陡涨缓落	0.20~0.30	0.30~0.35	0.35~0.40	0.40~0.80

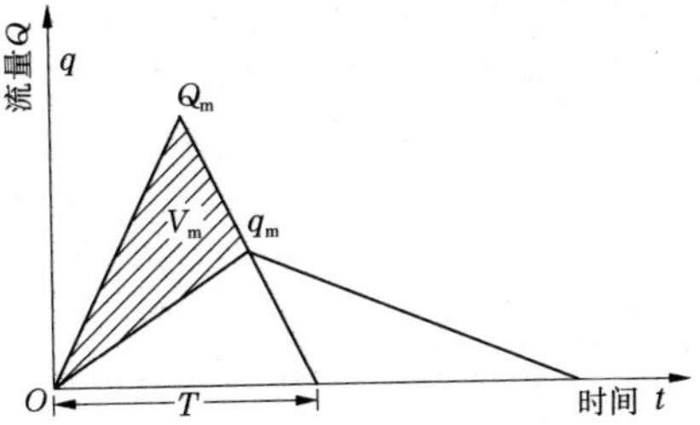

图4-4 调洪演算简化三角形法

此时入库(塘)洪水总量 W 为

$$W=\frac{1}{2}Q_mT \tag{4-18}$$

滞洪库(塘)容为

$$V_m=\frac{1}{2}(Q_mT-q_mT)=\frac{1}{2}Q_mT(1-\frac{q_m}{Q_m}) \tag{4-19}$$

式中:V_m为滞洪库(塘)容,m^3;T 为洪水历时,s;Q_m为洪峰流量,m^3/s;q_m为最大下泄流量,m^3/s。

此时,入库(塘)来水过程(Q_m、W)已知,下泄流量 q_m和滞洪库(塘)容 V_m为直线关系,将 q_m作为输入变量,便可得到不同的滞洪库(塘)容 V_m。当 $q_m=0$ 时,为全部拦蓄,当 $q_m>0$ 时,为部分拦蓄,考虑高标准农田项目区实际,这里 $q_m>0$,考虑一定的下泄流量。参考《溢洪道设计规范》(SL 253—2000),采用宽顶堰泄流公式计算:

$$q_m=\varepsilon m\sqrt{2g}Bh_m^{3/2} \tag{4-20}$$

式中:ε 为闸墩侧收缩系数;m 为二元水流宽顶堰流量系数;g 为重力加速度,m/s^2;B 为总净宽,m;h_m为堰上最大水头,m;其他符号意义同前。

式(4-21)中各参数确定如下:$\varepsilon m\approx0.4$,$g=9.8\ m/s^2$,B 为 3~5 m,h_m为 1~2 m,视项目区具体情况确定。

3.丘陵区坑塘总库(塘)容

丘陵区坑塘总库(塘)容应为满足抗旱的正常库容和满足防洪的滞洪库容相加,即丘陵区坑塘满足抗旱和防洪的总库容 $V_{丘陵}$ (m^3)为

$$V_{丘陵} = V_{抗旱} + V_{m} \tag{4-21}$$

综上所述,丘陵区适宜水面面积 S(m^2)应该是在一定水深 H(3~5 m)条件下,满足以上坑塘总库容 $V_{丘陵}$。此处将坑塘水体概化为一锥台体,其平均边坡 m'(1∶1~1∶3)根据项目区实际选定,由此求得丘陵区坑塘适宜水面率 $R_{丘陵}$,即

$$R_{丘陵} = \frac{S}{F} \times 10^{-4} \tag{4-22}$$

4.3.2 平原区水面率分析模型

4.3.2.1 水环境容量水面率

根据国家对污染物总量控制的要求,选择 COD_{CR} 作为水环境容量计算的控制因子。考虑到土地开发整理项目区实际情况,执行国家地表水质量标准中的Ⅳ类或Ⅴ类标准,水质标准限值见表4-3。

表4-3 地表水环境质量标准 COD_{CR} 标准限值

(单位:mg/L)

标准类别	Ⅰ类	Ⅱ类	Ⅲ类	Ⅳ类	Ⅴ类
COD_{CR}(≤)	15	15	20	30	40

为保证项目区水体使用功能不受破坏,坑塘、河沟有足够的容纳污染物质的能力,平原区水面率规划时水环境容量是一个重要的条件,由于高标准农田项目区面积较小,不考虑污染物流入和流出部分,根据水环境容量的基本计算公式,推理可得

$$W_0 \leqslant \frac{1}{86\,400} K \cdot V \cdot C_{sCOD} \tag{4-23}$$

$$V = 1\ 000R_{环境} \cdot h_{蓄1}' \cdot F \tag{4-24}$$

式中：W_0为单位时间内流入的COD_{CR}的量，g/s；K为水质综合衰减系数，d^{-1}；C_{sCOD}为COD_{CR}的水质标准值，mg/L；V为坑塘、河沟滞蓄水量，m^3；$R_{环境}$为平原区水环境容量适宜水面率（%）；$h_{蓄1}'$为坑塘、河沟正常蓄水深度，mm，确定时不考虑坑塘预降水深；其他符号意义同前。

式中各参数的确定如下。

1.单位时间内流入的COD_{CR}的量W_0

主要考虑农田径流等非点源污染带来的COD_{CR}入河量。中国环境规划院 2003 年编写的《全国水环境容量核定技术指南》提出了一些估算农田径流污染的标准农田源强系数：标准农田源强系数为 COD 150 kg/(hm^2 · a)，标准农田指的是平原，种植作物为小麦，土壤类型为壤土，化肥施用量为 375～525 kg/(hm^2 · a)，降水量在 400～800 mm 范围内的农田。考虑江苏省实际，降水量(>800 mm)修正的流失系数(1.2～1.5)取为 1.3，故这里估算COD_{CR}入河量约为 19.5 t/(km^2 · a)，即$W_0 = \frac{19.5\times10^6}{365\times86\ 400}F$。

2.水质综合衰减系数K

水质模型将水体对污染物的物理、化学和生物净化作用概化为水质综合衰减系数，以反映污染物在水体中的降解速率。

水体自净是一个复杂的过程。自净能力大小一般与流量、流速、气候和生物特征有关。例如生物化学降解，主要依靠水生生物的新陈代谢完成，而水生生物的新陈代谢需要适宜的生活环境，如温度、pH、溶解氧、水流条件、光照等，这些因素通过对水生生物的影响而表现出对水体自净作用的影响。

本次计算K值采用中国环境规划院在《全国地表水水环境容量核定技术复核要点》(2004 年)中规定的水质降解系数参考值，见表 4-4。

表 4-4 水质降解系数参考值(COD) (单位:d^{-1})

水质及水生态环境状况	一般河道	湖泊水库
优(相应水质Ⅱ~Ⅲ类)	0.18~0.25	0.06~0.10
中(相应水质Ⅲ~Ⅳ类)	0.10~0.18	0.03~0.06
劣(相应水质Ⅴ类或劣Ⅴ类)	0.05~0.10	0.01~0.03

考虑高标准农田项目区河沟、坑塘实际情况,取 K 值为 0.03~0.1 d^{-1}。

3.COD_{CR}的水质标准值 C_{sCOD}

根据表 4-3,取 C_{sCOD}值为 30 mg/L 或 40 mg/L。

4.坑塘、河沟平均蓄水深度 $h_{蓄1}'$

坑塘、河沟正常蓄水深度应取沟塘、河沟常水位时的水深,不考虑坑塘、河沟预降水深,取 800~1 500 mm。

综上可得,平原区水环境容量适宜水面率为

$$R_{环境} = \frac{5.34 \times 10^3}{K \cdot h_{蓄1}' \cdot C_{sCOD}} \tag{4-25}$$

4.3.2.2 除涝水面率

1.水面率对平原区除涝的影响

平原区一般河网、坑塘密布,水面率相对较大,长期以来,在土地整理的过程中,存在着与河争地、盲目填塘、侵占河滩地等开发行为,使得水面率减小,加上河道淤积,河网、坑塘的实际调蓄能力削弱,内涝水位越来越高,时常出现大雨大灾、小雨小灾的现象。因此,对于广大的平原区,河网、坑塘的蓄、排功能均起着重要作用,特别是在暴雨期间,河网、坑塘等水系的调蓄功能更为重要。

在正常情况下,平原区水面面积越大,水面率也越大,在除涝标准和其他下垫面因素都一致的条件下,排涝模数也越小。但是,从排涝模数的计算公式可以看出,水面面积和排涝模数并不是线性关系,不同条件下水面率与排涝模数之间的关系是不尽相同的。对于平原区来说,水面率过小会增加排涝压力,特别是有些地区水面率逐年减小,而外排能力并没有相应增大,导致实际排水标准降低。从水土资源协调利用的角度考虑,水面率过大则减小基本耕地面积,不利于优化土地利用结构。需根据较为合理的设计排涝模数反推平原区的除涝适宜水面率。

平原区除涝适宜水面率的计算方法为:确定项目区的除涝标准,设计排涝模数,河网、坑塘水面的平均预降水深,根据平均排除法反推平原区除涝适宜水面率 $R_{防洪}$。

2.平原区除涝水面率的计算

对于特定的作物布局,当项目区排涝模数和水面滞蓄水深一定时,水面面积也一定,因此可根据区域设计排涝模数推求适宜水面面积。平原区水面主要包括坑塘水面、河流水面和养殖水面,其滞蓄水深不尽相同。考虑到养殖水面的特殊性,在计算平原区除涝水面率时只计算坑塘河流水面,故 $R_{区域}$ 可写成:

$$R_{区域} = (\alpha_{水田} \cdot R_{水田} + \alpha_{旱地} \cdot R_{旱地} + \alpha_1 \cdot R_1 + \alpha_2 \cdot R_2)/100 \tag{4-26}$$

$$R_1 = P - h_{蓄1} - E_0 \tag{4-27}$$

$$R_2 = P - h_{蓄2} - E_0 \tag{4-28}$$

式中:α_1 为坑塘河流水面率(%);α_2 为养殖水面率(%);R_1 为坑塘河流水面设计径流深,mm;R_2 为养殖水面设计径流深,mm;$h_{蓄1}$ 为坑塘河流滞蓄水深,mm,确定时需考虑沟塘预降水深;$h_{蓄2}$ 为养殖水面滞蓄水深,mm;其他符号意义同前。

由上述公式可知,α_1 即为所求的除涝适宜水面率,其推求公式如下:

$$q = \frac{\alpha_{水田} \cdot R_{水田} + \alpha_{旱地} \cdot R_{旱地} + \alpha_1 \cdot R_1 + \alpha_2 \cdot R_2}{8\ 640\ t} \tag{4-29}$$

除涝水面率:

$$R_{除涝} = \alpha_1 = \frac{q \cdot 8\,640t - (\alpha_{水田} \cdot R_{水田} + \alpha_{旱地} \cdot R_{旱地} + \alpha_2 \cdot R_2)}{R_1} \tag{4-30}$$

约束条件：$\alpha_{水田}+\alpha_{旱地}+\alpha_1+\alpha_2=100$。

3.各参数的确定

q：根据项目区水利设施现状和实际情况确定；

F：项目区面积；

a：查《江苏省水文手册》；

P：查《江苏省水文手册》；

$h_{田蓄}$：根据实际取 30 mm；

E：2 d 的水田田间腾发量，取 12 mm；

E_0：查《江苏省水文手册》；

t：排涝时间，取 2 d；

$\alpha_{水田}$：根据项目区土地利用现状表确定；

$\alpha_{旱地}$：其初值根据项目区土地利用现状表确定；

α_2：根据项目区土地利用现状表确定；

$h_{蓄1}$：200～400 mm，具体根据当地实际情况确定；

$h_{蓄2}$：50～200 mm，具体根据当地实际情况确定。

4.平原区适宜水面率

综上所述，根据所求的区域水环境容量适宜水面率和除涝水面率，平原区适宜水面率 $R_{平原}$ 是该区域防洪和抗旱要求的适宜水面率的并集，即

$$R_{平原} = R_{除涝} \cup R_{环境} \tag{4-31}$$

参 考 文 献

[1] 田玉福. 高标准农田建设策略创新分析[J]. 湖北农业科学, 2016, 55(22):5982-5987.

[2] 刘巧芹, 刘玉, 胡永翔. 高标准农田建设对粮食单产的贡献率测度研究进展[J]. 江苏农业科学, 2016, 44(8):557-560.

[3] 刘清华. 高标准农田建设中存在的问题与建议[J]. 农业科技与装备, 2016(4):73-75.

[4] 毕芳英, 闵捷, 刘瑶,等. 高标准农田建设研究综述[J]. 安徽农业科学, 2016(2):240-243.

[5] 陈宁丽. 高标准基本农田建设项目区优选研究[D]. 焦作:河南理工大学, 2016.

[6]涂建军,卢德彬.基于 GIS 与耕地质量组合评价模型划定基本农田整备区[J].农业工程学报,2012(2):1-2.

[7] 杨绪红, 金晓斌, 郭贝贝,等. 基于最小费用距离模型的高标准基本农田建设区划定方法[J]. 南京大学学报(自然科学版), 2014, 50(2):202-210.

[8] 沈明, 陈飞香, 苏少青,等. 省级高标准基本农田建设重点区域划定方法研究——基于广东省的实证分析[J]. 中国土地科学, 2012, 26(7):28-33.

[9] 郭贝贝, 金晓斌, 杨绪红,等. 基于农业自然风险综合评价的高标准基本农田建设区划定方法研究[J]. 自然资源学报, 2014, 29(3):377-386.

[10] 刘建生, 郧文聚, 赵小敏,等. 基于差距度与投资度的高标准基本农田建设研究与应用[J]. 中国人口·资源与环境, 2014, 24(3):49-55.

[11] 王洪波, 程锋, 张中帆,等. 中国耕地等别分异特性及其对耕地保护的影响[J]. 农业工程学报, 2011, 27(11):1-8.

[12] 靳取货, 吴克宁, 王金满. 农用地分等在基本农田建设中的应用研

究[J]. 资源开发与市场, 2010, 26(7):617-620.

[13] 冯锐, 吴克宁, 王倩. 四川省中江县高标准基本农田建设时序与模式分区[J]. 农业工程学报, 2012, 28(22): 243-251.

[14] 贾丽娟. 重庆市高标准农田建设标准及模式研究[D]. 重庆:西南大学, 2011.

[15] 唐秀美, 潘瑜春, 刘玉,等. 基于四象限法的县域高标准基本农田建设布局与模式[J]. 农业工程学报, 2014, 30(13):238-246.

[16] 张忠. 黑龙江省八五三农场高标准基本农田建设时空布局研究[D]. 哈尔滨:东北农业大学, 2014.

[17] 王永来. 基本农田标准化示范片建设技术指标的探讨[J]. 中国农技推广, 2003(4):45-46.

[18] 郭元裕. 农田水利学[M]. 北京:中国水利水电出版社, 1997.

[19] 国土资源部土地资源中心. 土地管理基础知识[M]. 北京:中国人事出版社, 1991.

[20] 徐盛荣. 土地资源评价[M]. 北京:中国农业出版社, 1997.

[21] 王万茂. 土地利用规划学[M]. 北京:科学出版社, 2010.

[22] 师学义, 武雪萍. 土地利用规划原理与方法[M]. 北京:中国农业科学技术出版社, 2003.

[23] 王秋兵. 土地资源学[M]. 北京:中国农业出版社, 2003.

[24] 李广贺, 刘兆昌,张旭. 水资源利用工程与管理[M]. 北京:清华大学出版社, 1998.

[25] 赵宝璋. 水资源管理[M]. 北京:水利电力出版社, 1994.

[26] 陈家琦, 王浩, 杨小柳. 水资源学[M]. 北京:中国水利水电出版社, 2002.

[27] 张超, 张海锋, 杨建宇,等. 网格环境下县域基本农田建设空间布局方法研究[J]. 农业机械学报, 2016, 47(11):245-251.

[28] 熊昌盛, 谭荣, 岳文泽. 基于局部空间自相关的高标准基本农田建设分区[J]. 农业工程学报, 2015, 31(22):276-284.

[29] 朱传民, 郝晋珉, 陈丽,等. 基于耕地综合质量的高标准基本农田建设[J]. 农业工程学报, 2015, 31(8):233-242.

[30] 袁中友, 杜继丰, 王枫. 日本土地整治经验及其对中国的启示[J]. 国

土资源情报, 2012(3):15-19.

[31] 刘春丽. 高标准农田水利工程建设现状与思考[J]. 黑龙江科技信息, 2015(23):51-55.

[32] 魏星. 高标准基本农田建设项目存在的问题及对策[J]. 现代农业科技, 2016(5):197.

[33] 刘晓南, 黄燕, 程炯. 高标准基本农田建设工程生态化设计研究[J]. 应用基础与工程科学学报, 2016(1):1-11.

[34] 王晨, 汪景宽, 李红丹,等. 高标准基本农田区域分布与建设潜力研究[J]. 中国人口·资源与环境, 2014, 24(2):226-229.

[35] 仇大海, 吴国华. 广东省高标准基本农田建设的调查与思考[J]. 中国土地, 2016(1):36-38.

[36] 卢明锋, 陈战军, 杨艳. 小水源灌区高标准农田建设思路[J]. 中国水利, 2013(22):32-33.

[37] 丁继辉, 俞双恩, 宋静茹. 土地整理项目区适宜水面率模型[J]. 排灌机械工程学报, 2013, 31(2):180-184.

[38] 聂秋月, 黄琳煜, 赵越,等. 浦东新区高标准农田水利工程建设管理探索[J]. 中国水利, 2014(7):38-40.

[39] 王文浩, 穆建新. 高标准农田水利工程环境影响后评价指标体系研究[J]. 节水灌溉, 2012(9):67-71.

[40] 薛剑. 高标准农田标准与建设路径研究[D]. 北京:中国农业大学, 2014.

[41] 王新盼, 姜广辉, 张瑞娟,等. 高标准基本农田建设区域划定方法[J]. 农业工程学报, 2013(10):241-250.

[42] 薛剑, 韩娟, 张凤荣,等. 高标准基本农田建设评价模型的构建及建设时序的确定[J]. 农业工程学报, 2014, 30(5):193-203.

[43] 吴年新. 高标准基本农田建设规划设计初探[D]. 南昌:江西农业大学, 2012.

[44] 王文浩. 高标准农田水利工程后评价指标体系研究[D]. 杨凌:西北农林科技大学, 2013.

[45] 孟庆红. 高标准农田生态型田间灌排系统设计研究[J]. 黑龙江科技信息, 2014(36):246.

[46] 彭世彰，熊玉江，罗玉峰，等. 稻田与沟塘湿地协同原位削减排水中氮磷的效果[J]. 水利学报，2013，39(6)：657-663.
[47] 付娜. 黑龙江省生态高标准农田建设总体布局及战略意义(2013—2020年)[J]. 黑龙江水利科技，2015(3)：142-144.
[48] 范垚. 城乡统筹发展视角下农村土地综合整治绩效评价研究——重庆市7个项目区实证[D]. 重庆：西南大学，2016.
[49] 王儒密. 博弈论视阈下的高标准基本农田建设管理问题研究——以广东省为例[D]. 广州：华南农业大学，2016.
[50] 田蕙. 对广西高标准基本农田建设的思考[J]. 南方国土资源，2016(6)：37-39.
[51] 张丽茜，赵国存，吴荣涛. 对《高标准基本农田建设标准》的解读与建议[J]. 农学学报，2013，3(5)：62-65.
[52] 黄玉娇，陈美球，刘志鹏. 高标准基本农田建设面临困境与对策初探[J]. 中国国土资源经济，2013(11)：28-30.
[53] 谭枭，王秀茹，汤怀志. 县级高标准基本农田建设条件评价指标体系及方法研究——以四川省绵竹市为例[J]. 西南农业学报，2013，26(5)：1977-1983.
[54] 崔勇，刘志伟. 基于GIS的北京市怀柔区高标准基本农田建设适宜性评价研究[J]. 中国土地科学，2014，28(9)：76-81.
[55] 方勤先，严飞，魏朝富，等. 丘陵区高标准基本农田建设条件及潜力分析——以重庆市荣昌县为例[J]. 西南师范大学学报(自然科学版)，2014，39(3)：122-130.
[56] 王军，李正，白中科，等. 土地整理对生态环境影响的研究进展与展望[J]. 农业工程学报，2011(s1)：340-345.
[57] 白美健，刘群昌，江培福，等. 高标准农田水利工程建设现状与思考[J]. 中国水利，2012(23)：56-59.
[58] 李少帅，郧文聚. 高标准基本农田建设存在的问题及对策[J]. 资源与产业，2012，14(3)：195-199.
[59] 郑雄伟，周芬，侯云青，等. 城镇圩区排涝模数与合理水面率研究[J]. 水利水电技术，2012，43(9)：90-94.
[60] 张天荣，黎庆华，张国鑫. 新形势下福建省农田建设管理模式探

索[J]. 福建农业科技, 2017, 48(3):58-59.

[61] 石彦琴, 赵跃龙. 日本农田建设标准的制订及管理[J]. 农业展望, 2015(10):51-54.

[62] 程娟, 关欣. 中国耕地数量变化及其影响因素分析[J]. 农技服务, 2015, 32(9):7-8.

[63] 王淑英, 高永胜, 叶碎高,等. 合理水面率的研究方法与框架初探[J]. 水利学报, 2007(1):568-572.

[64] 宋兰兰, 陆桂华, 刘凌. 水文指数法确定河流生态需水[J]. 水利学报, 2006, 37(11):1336-1341.

[65] 王士武, 杨铁锋, 温进化. 行洪除涝的合理水面率研究[J]. 灌溉排水学报, 2006, 25(2): 72-76.

[66] 李大勇, 卞戈亚, 董增川,等. 太湖平原河网系统生态环境需水量组成及计算方法研究[J]. 河海大学学报(自然科学版), 2005, 33(3): 246-250.

[67] 肖芳, 刘静玲, 杨志峰. 城市湖泊生态环境需水量计算——以北京市六海为例[J]. 水科学进展, 2004, 15(6):781-786.

[68] 周建康, 朱春龙, 罗国平. 平原圩区设计排涝流量与水面率关系研究[J]. 灌溉排水学报, 2004, 23(4):64-66.

[69] 郭元裕, 白宪台, 雷声隆. 南方圩(湖)区最优水面率研究[J]. 水利学报, 1982(7):10-19.

[70] Ubertini L, Manciola P, Casadei S. Evaluation of the minimum instream flow of the tiber river basin[J]. Environmental Monitoring & Assessment, 1996, 41(2):125-136.

[71] 邱贺. 基于分区的土地平整空间优化方法研究[D]. 西安:西安科技大学, 2014.

[72] 冯忠江, 郑艳东, 张磊. 浅谈土地整理项目中的土地平整问题[J]. 资源与产业, 2005, 7(2):80-82.

[73] 郑财贵, 朱玉碧. 浅析南方丘陵地区土地平整中的表土问题及对策[J]. 中国农学通报, 2006, 22(7):512-515.

[74] 彭琼芬. 土地开发整理项目中土地平整工程量的计算研究[J]. 昆明理工大学学报(自然科学版), 2010, 35(3):12-15.

[75] 刘文超, 王金华, 孟庆山,等. 水田改造的土地平整方法[J]. 黑龙江水利科技, 2007, 35(4):176.
[76] 刘名冲. 县域高标准基本农田建设时序与模式研究[D]. 保定:河北农业大学, 2013.
[77] 范树印. 土地整理工程设计[M]. 北京:中国人事出版社, 2005.
[78] 郑凌志. 土地开发整理项目预算编制与实务[M]. 北京:中国人事出版社, 2005.
[79] 李谷君, 肖海. "土地开发备选项目库建设"的设计与实现[J]. 国土与自然资源研究, 2017(4):3-7.
[80] 王力. 完善土地开发整理实现农业生产提质增效[J]. 吉林农业, 2016(15):126.
[81] 曾科. 土地开发整理项目新增耕地测算方法研究[J]. 价值工程, 2014(33):188-189.
[82] 王朝华. 北京农村集体土地开发存在的问题分析和应坚持的原则方向[J]. 农业经济, 2015(9):85-87.
[83] 张红, 张宝丽, 孙宏明. 土地平整项目田块间土方量调配方法研究[J]. 水利科技与经济, 2011, 17(5):17-18.
[84] 付道华, 赵钢, 于海晶. 土地平整挖填土方量计算方法选择与应用[J]. 水利科技与经济, 2011, 17(8):61-62.
[85] 申珅. 浅谈土地整理中的土地平整问题[J]. 华北国土资源, 2010(2):39-41.
[86] 曹治玉. 土地平整时的设计高程及土方计算[J]. 新疆水利, 2009(2):11-16.
[87] 乔瑞波. 基于GPS高程离散点的土地平整土方量计算方法[J]. 河北农业科学, 2009, 13(8):171-172.
[88] 江平, 周连, 卓荦,等. 土地整理中土地平整工程的若干方法探讨[J]. 国土资源科技管理, 2007, 24(5):57-61.
[89] 朱成立, 张展羽, 莫建兵. 农田土地平整设计中几个问题的探讨[J]. 水利水电科技进展, 2003, 23(6):54-56.
[90] 孟志军, 付卫强, 刘卉,等. 面向土地精细平整的车载三维地形测量系统设计与实现[J]. 农业工程学报, 2009, 25(2):255-259.

[91] 吕婧. 中国土地整理工程体系的构建[J]. 农业工程学报, 2008,24(2):89-92.
[92] 许迪, 李益农, 刘刚. 激光控制农田土地精细平整应用技术体系研究进展[J]. 农业工程学报, 2007, 23(3):267-272.
[93] 郑文魁, 徐胜春. "规划求解"在土方调配计算中的应用[J]. 水利科技与经济, 2006, 12(10):678-679.
[94] 沈立权. 土地平整工程规划与设计[J]. 黑龙江科技信息, 2015(26):283.
[95] 邹利林, 王占岐, 王建英. 西藏农田土地平整工程规划[J]. 农业工程学报, 2011, 27(10):287-292.
[96] 邓策徽, 邓洪凯, 余黎琴. 浅谈农田水利工程测量在土地平整工程中的应用[J]. 吉林农业(学术版), 2011(8):46-46.
[97] 王志斌. 牡丹江海南灌区土地平整工程设计[J]. 黑龙江水利科技, 2012, 40(12):189-190.
[98] 黄琪, 刘友兆, 班春峰,等. 基于数字高程模型和数学规划的土地平整工程设计优化[J]. 农业工程学报, 2011, 27(11):313-318.
[99] 徐中春, 谢永生, 王恒俊. 中国土地资源评价研究新进展[J]. 中国农学通报, 2008, 24(3):379-383.
[100] 李希灿, 王静, 邵晓梅. 模糊数学方法在中国土地资源评价中的应用进展[J]. 地理科学进展, 2009, 28(3):91-98.
[101] 马尚. 高标准农田建设中存在的问题与建议[J]. 工程技术(全文版), 2016(11): 298.
[102] 赵瑞, 刘天成, 杨飞翔. 高标准农田建设中存在的问题及建议[J]. 工程技术(引文版), 2016(12): 311-312.
[103] 周亮. 浅析高标准农田建设存在的问题与对策[J]. 中外企业家, 2012(10):23-25.
[104] 任静. 金川区高标准农田建设的现状、问题及对策研究[J]. 山西农业大学学报(社会科学版), 2013, 12(3):236-239.
[105] 王腾荣. 高标准农田建设存在的问题及对策[J]. 农业与技术, 2017, 37(12):39.
[106] 刘述生, 白云燕, 王素华. 唐山市高标准农田建设现状存在问题及建

议[J]. 农业与技术, 2016, 36(20):162.
[107] 兰春, 倪楠. 高标准农田的景观生态化设计和优化——以H市为例[J]. 农业灾害研究, 2014, 4(8):53-55.
[108] 贾淼, 王爱云. 高标准农田建设田间灌溉工程设计浅析[J]. 陕西水利, 2016(6):53-54.
[109] 关喻洪. 生态型高标准基本农田划定研究[D]. 长沙:湖南农业大学, 2014.
[110] 巫厚长, 孔海燕, 张震,等. 安徽省高标准生态农田建设管理问题研究[J]. 安徽农业大学学报(社会科学版), 2016, 25(2):21-28.
[111] 叶兴庆. 突出生态功能 打造高标准农田建设升级版[J]. 国土资源, 2017(5):40.
[112] 邓召龙, 谭周余. 生态涵养发展区高标准农田建设路径[J]. 中国农业综合开发, 2014(1):3-5.
[113] 李丽平. 高标准基本农田建设中生态建设对策与建议[J]. 经济技术协作信息, 2015(10):63.
[114] 李强. "十三五"时期都市区高标准基本农田建设模式研究[J]. 工程技术(文摘版), 2016(5): 87-88.
[115] 薛剑. 高标准农田标准与建设路径研究[D]. 北京:中国农业大学, 2014.
[116] 卞学昌. 高标准农田建设中灌排沟渠施工关键技术探讨[J]. 工程建设与设计, 2015(5):115-117.
[117] 罗明. 基于综合质量评价的高标准水田建设研究[D]. 重庆:西南大学, 2016.
[118] 马建华, 邱锦辉, 孙萍萍. 贯彻国家高标准农田灌排工程建设的主要思路[J]. 黑龙江水利科技, 2014(10):223-225.
[119] 魏保兴, 李桂新, 甘幸,等. 节水防污型农田水利系统方案设计及应用研究[J]. 节水灌溉, 2016(7):60-64.
[120] 宋静, 柴伟伟, 张政凯. 高标准农田水利工程初步设计评审探讨[J]. 治淮, 2016(8):50-51.
[121] 范丽娜. 高标准基本农田质量监测评价系统的设计与开发研究[D]. 北京:中国地质大学(北京), 2016.

[122] 宋祥刚, 朱跃文, 马辰,等. 高标准粮田生产系统集成研究[J]. 现代农业科技, 2010(22):241-242.
[123] 谢升申, 俞双恩, 丁继辉,等. 田间控制排水系统布局模式与相关技术的研究[J]. 中国农村水利水电, 2012(12):32-35.